C.H.BECK WISSEN

in der Beck'schen Reihe

Die meisten von uns denken bei „Bakterien" ausschließlich an Krankheiten. Dabei ist die Mehrzahl dieser Mikroorganismen nicht nur ungefährlich, sondern sogar notwendig, damit Leben für höhere Organismen überhaupt möglich wird. Auch Lebensmittel wie Joghurt oder Käse wären ohne Bakterien undenkbar. Das Buch informiert über die ersten Bakterienforscher, erklärt Aufbau und Lebensformen der Bakterien, beschreibt die lebenserhaltenden wie krankmachenden Wechselwirkungen, in denen Bakterien mit anderen Organismen stehen, und erläutert ihren Einsatz in der Biotechnologie.

Prof. Dr. *Georg Schön* lehrt Mikrobiologie an der Universität Freiburg. Seine Hauptforschungsgebiete sind die Stoffwechselphysiologie von Mikroorganismen sowie die Umweltmikrobiologie.

Georg Schön

BAKTERIEN

Die Welt der kleinsten Lebewesen

Verlag C. H. Beck

Mit 18 Abbildungen, 7 Tabellen und 7 Farbtafeln

S. 15/16 fehlt /lw

Die Deutsche Bibliothek – CIP-Einheitsaufnahme

Schön, Georg:
Bakterien : die Welt der kleinsten Lebewesen / Georg Schön. –
Orig.-Ausg. – München : Beck, 1999
(C.H. Beck Wissen in der Beck'schen Reihe ; 2046)
ISBN 3 406 41046 4

Originalausgabe
ISBN 3 406 41046 4

Umschlagentwurf von Uwe Göbel, München

Gesamtherstellung: Kösel, Kempten
Gedruckt auf säurefreiem, alterungsbeständigem Papier
(hergestellt aus chlorfrei gebleichtem Zellstoff)
Printed in Germany

Inhalt

Abkürzungen

ADP: Adenosindiphosphat
ATP: Adenosintriphosphat
DNA: deoxyribonucleic acid, internationale Bezeichnung für DNS (Desoxyribonucleinsäure)
NAD: oxidiertes Nicotinamid-adenin-dinucleotid
NADH: reduziertes Nicotinamid-adenin-dinucleotid
RNA: ribonucleic acid, internationale Bezeichnung für RNS (Ribonucleinsäure)
SCP: single cell protein, Einzellerprotein
μm: Mikrometer = 1/1 000 mm
nm: Nanometer = 1/1 000 μm

Abbildungsnachweis

Die Abbildungen 2, 3, 7, 12, 14, 15, 16 und 18 sind dem Band von Georg Schön: Mikrobiologie, Herder-Verlag, Freiburg-Basel-Wien, 3. Aufl. 1983, entnommen; die Abbildung 6 ist dem Band von Heinrich Zankl: Genetik. Von der Vererbungslehre zur Genmedizin, Beck-Verlag, München 1998, entnommen.

Einleitung

Bakterien sind die kleinsten bekannten Lebewesen, die man normalerweise mit bloßem Auge nicht sehen kann. Für viele Menschen haben sie daher nur die furchterregende Bedeutung als Krankheitserreger, und einige werden – wie in bestimmten Zeitungen zu lesen – sogar als „Killerbakterien“ bezeichnet. Vielen ist nicht bewußt, daß die meisten Bakterien nicht nur „unschädlich“, sondern für das Leben auf unserer Erde unbedingt notwendig sind und die Existenz der höheren Organismen erst ermöglichen. Die Tätigkeit der Bakterien, ihre vielfältigen Stoffwechselwege spielen eine überragende Rolle in den Stoffkreisläufen der Natur. Neben den Pilzen sind sie bereits seit Jahrtausenden – wenn auch unbewußt – zur Konservierung und Verbesserung von Nahrungsmitteln eingesetzt worden. Große Bedeutung haben sie heute auch in der Biotechnologie zur Herstellung und Veränderung von besonderen Stoffen. Es sei an die Antibiotikaproduktion und die Käseherstellung erinnert.

Bakterien lassen sich von den übrigen (eukaryotischen) Mikroorganismen (Schleimpilze, Pilze, Protisten) leicht abgrenzen, da ihr genetisches Material nicht von einer Membran umhüllt ist, sie somit keinen echten Kern in den Zellen besitzen. Sie werden daher als *Prokaryoten* den kernhaltigen „höheren“ Organismen, den *Eukaryoten,* gegenübergestellt. In der Mikrobiologie werden auch die Viren untersucht, die jedoch als nicht-zelluläre Teilchen und ohne eigenen Stoffwechsel, von den echten Organismen scharf abzugrenzen sind.

Früher wurde die Bezeichnung Bakterien und Prokaryoten synonym verwendet, da bei allen Bakterien das genetische Material von keiner Membran umhüllt ist. Molekularbiologische Untersuchungen (1976) erbrachten aber den sensationellen Befund – anfangs stark umstritten –, daß es zwei Abstammungslinien der Prokaryoten gibt. So werden sie heute in zwei Urreiche (oder Domänen) aufgeteilt: den „echten“ Bakterien, den Eubakterien (*Bacteria*), und den Archaebakterien

(*Archaea*). In den folgenden Kapiteln wird, wie heute noch allgemein üblich, die alte Bezeichnung Bakterien für alle Prokaryoten verwendet. Die neuen Namen werden nur dann aufgeführt, wenn typische Eigenschaften von Vertretern der einen oder der anderen Abstammungslinie beschrieben werden.

Wie bereits erwähnt, haben die vielfältigen Stoffwechselwege der Bakterien herausragende Bedeutung für den gesamten Naturhaushalt. In den Kapiteln über verschiedene Stoffumsätze werden für den Leser, der gewisse chemische Kenntnisse besitzt, als Ergänzung auch einige chemische Formeln für die Reaktionen aufgeführt. Für das allgemeine Verständnis der Stoffwechselwege sind jedoch Formelkenntnisse nicht notwendig. Neben den Stoffkreisläufen, der Bedeutung hitzeliebender Bakterien in extremen Biotopen werden die Wechselbeziehungen von Bakterien und höheren Organismen an einigen Beispielen beschrieben, um zu zeigen, wie stark Bakterien die Umwelt und die Lebensweise anderer Organismen beeinflussen können. Außerdem wird erklärt, durch welche Eigenschaften sich bestimmte Bakterien als „nützliche Haustiere" in der Biotechnologie einsetzen lassen. Da einige bakterielle Krankheiten, trotz des Einsatzes von Antibiotika, wieder gefährlich geworden sind, wird auch auf die Ursachen für die Rückkehr wichtiger alter Infektionskrankheiten und dem Auftreten einiger neuer pathogener Bakterien eingegangen.

1. Entdeckung der „animalcula" und die Hypothese der Spontanzeugung

Die phantastische, faszinierende Welt der Bakterien und anderer Mikroorganismen wurde bereits vor über 300 Jahren durch einen Hobbyforscher entdeckt. Antony van Leeuwenhoek (1632–1723), ein Tuchhändler aus Delft, hatte während seiner Ausbildung zum Textilkaufmann den Umgang und die Herstellung von Lupen gelernt. Er verbesserte das Schleifen von Linsen so erfolgreich, daß damit möglicherweise bereits 750fache Vergrößerungen erreicht werden konnten. Mit einem dieser selbstgebauten, primitiven Einlinsenmikroskope untersuchte er 1676 einen Aufguß von Pfefferkörnern: Er fand zwar nicht die Ursache der Pfeffrigkeit, beobachtete aber, wie sich mit der Zeit viele Arten von kleinen Tieren („animalcula") entwickelten, u.a. auch Formen, die so klein waren, daß 100 nebeneinandergelegt nicht einmal den Durchmesser und 1 Million nicht einmal die Größe eines groben Sandkorns erreichen würden.

In zwei Briefen an die „Royal Society" in London (1683 und 1692) beschrieb er die winzigen „animalcula" aus seinen Zahnbelägen ausführlich und schätzte ihre Anzahl auf „mehr Lebewesen als die Untertanen eines Königreichs". Zeichnungen von einigen Formen lassen erkennen, daß er tatsächlich Bakterien gesehen hat (Abb. 1). Es wird aber bezweifelt, daß van Leeuwenhoek diese Beobachtungen mit dem bekannten Einlinsenmikroskop machen konnte; vermutlich benutzte er bereits ein echtes Zweilinsenmikroskop, was er aber seinen „Kollegen" verschwieg. Mit Leidenschaft widmete er sich weiterhin unermüdlich der Beobachtung des Mikrokosmos und fand überall kleine und kleinste „Tierchen", die normalerweise mit bloßem Auge nicht zu erkennen waren.

Nach Entdeckung unzähliger winzigster Lebewesen stellte sich die Frage nach ihrer Herkunft. Es gab in jener Zeit zwei Lehrmeinungen über die Entstehung der Vielfalt von Organismen.

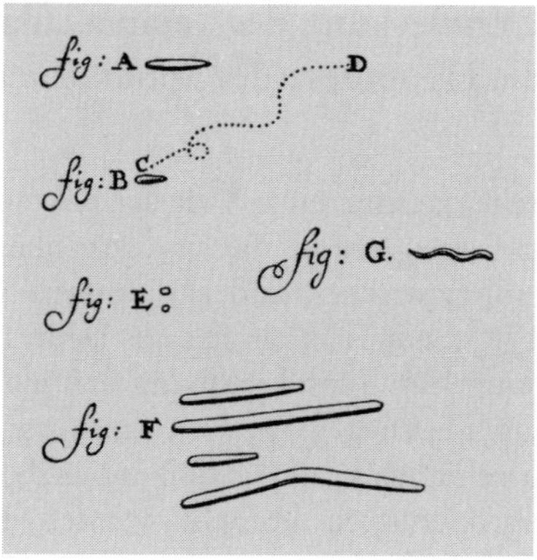

Abb. 1: Zeichnung von Bakterien aus dem Zahnbelag (in einem Brief von A. v. Leeuwenhoek an die Royal Society in London, vom 17. 9. 1683); (E) Kugelbakterien, (A, B, F) Stäbchenbakterien, (G) Spirillen. (C – D) demonstriert die Beweglichkeit des Stäbchenbakteriums (B).

1. Die Hypothese der Spontanzeugung (Urzeugung, Abiogenese), die besagte, daß „animalcula" spontan aus nichtlebendem Material entstehen, z. B. aus faulenden Lappen („Generatio spontanea sive aequivoca"), und
2. die Hypothese, daß sie sich aus „Samen" oder „Keimen" entwickeln, die immer in der Luft vorhanden sind.

Die Doktrin von der Spontanzeugung hatte vom Altertum bis zur Renaissance allgemeine Gültigkeit. So lehrte Aristoteles (384–322 v. Chr.), daß Tiere auch aus Erde, Pflanzen oder anderem Nichttierischen abstammen könnten („Historia animalium"). Seine Gedanken hatten bis ins 17. Jahrhundert hinein großen Einfluß. Man nahm an, daß Maden aus Fleisch entstehen können, wenn es in Wärme und Luft gebracht wird. Untersuchungen von F. Redi (1668) widerlegten diese Annahme. In seinen Versuchen wurden einige Gefäße, die Tierfleisch enthielten, mit feiner Gaze zugebunden, einige offengelassen. Am Fleisch in den offenen Gefäßen entwickelten sich Maden, bei den abgedeckten Gefäßen legten Fliegen Eier auf die Gaze, aus denen Maden schlüpften. Aus diesen Versuchen, der Beobachtung, daß sich Fliegen aus Maden entwickeln, und weiteren Experimenten schloß er eine Spontanzeugung für Pflanzen und Tiere aus. Weitere genauere Untersuchungen der Entwicklung von Tieren und Pflanzen brachten keinen Hinweis für eine spontane Entstehung höherer Organismen.

Es blieben aber die seltsamen Mikroorganismen! Ein Beweis, daß sie nur aus ihresgleichen oder spontan entstehen können, war schwierig. Erst Mitte des 19. Jahrhunderts war die Summe der Ergebnisse, die gegen eine Spontanzeugung sprachen, so groß, daß diese Doktrin auch für die Mikroorganismen aufgegeben wurde. Die ersten eindeutigen Beweise gegen eine spontane Entstehung von Mikroorganismen wurden von L. Joblot und L. Spallanzani (1769) erbracht. In seinem Werk „Opuscoli di fisica animale e vegetabile", 1776, beschrieb Spallanzani unter anderem, wie die durch Kochen sterilisierten Nährmedien in Gefäßen, die anschließend luftdicht versiegelt wurden, nicht verdarben. Spallanzanis Versuche waren für die Anhänger der Spontanzeugung keineswegs überzeugend. Der Hauptgrund war, daß Spallanzanis Versuchsgefäße luftdicht verschlossen wurden und somit auch kein Sauerstoff eindringen konnte, den Tiere zum Leben benötigen und der vielleicht auch zur Entstehung von „animalcula" notwendig war. Erst 60–70 Jahre später konnte gezeigt werden, daß auch bei Zutritt von Luft zum gekochten Nährmedium keine Mikroorganismen wachsen, wenn die Luft durch konzentrierte Säure (F. Schulz, 1836), durch erhitzte Röhren (Th. Schwann, 1837) oder sterile Baumwollfilter (H. G. F. Schröder und T. v. Dusch, 1854) geleitet wurde.

Das letzte große Werk über die Spontanzeugung von F. A. Pouchet (1859) veranlaßte auch L. Pasteur (1822–1895), sich diesem Problem zuzuwenden. Seine Experimente widerlegten eindeutig die Spontanzeugung. Er gewann damit den von der „Französischen Akademie der Wissenschaften" ausgeschriebenen Preis für die Lösung dieses Problems. In seinen 1861 veröffentlichten Experimenten konnte er zeigen, daß

1. Luft mikroskopisch sichtbare Partikelchen enthält, die durch Watte zurückgehalten werden,

2. diese Partikel, in steriles Medium gegeben, zu einer Entwicklung von Mikroorganismen führen und
3. Zuckerwasser oder andere Nährmedien monatelang steril bleiben, wenn sie mehrere Minuten in Glasgefäßen mit einem lang ausgezogenen Hals (Schwanenhalskolben) gekocht werden, durch den keine Keime, aber Luft eintreten konnte.

Somit war den Anhängern der Spontanzeugung ihr letzter Einwand gegen die Annahme genommen, daß alles Lebendige von Lebendigem abstammt („Omne vivum ex vivo").

Pasteur hatte keine Schwierigkeiten, Fleischbrühe durch einfaches Kochen in Schwanenhalskolben zu sterilisieren (Abb. 2). F. A. Pouchet und andere Wissenschaftler, die mit Heu- und Pflanzenaufgüssen arbeiteten, waren dagegen nicht oder nur selten erfolgreich. Von J. Tyndall (1820–1893) konnte auch dieses Problem gelöst werden. Er erkannte, daß es hitzestabile Formen von Mikroorganismen gibt, die sich durch einfaches Kochen nicht abtöten lassen. Er erfand die fraktionierte Sterilisation (Tyndallisation), bei der durch

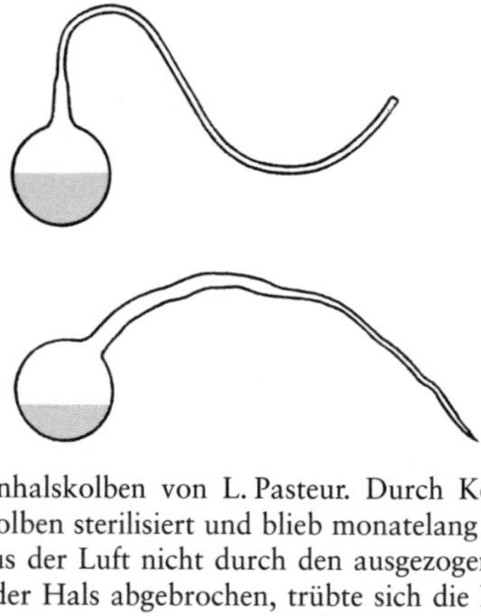

Abb. 2: Schwanenhalskolben von L. Pasteur. Durch Kochen wurde die Nährlösung im Kolben sterilisiert und blieb monatelang steril, da die Mikroorganismen aus der Luft nicht durch den ausgezogenen Hals dringen konnten. Wurde der Hals abgebrochen, trübte sich die Nährlösung nach kurzer Zeit durch die Entwicklung von Mikroorganismen aus der Luft.

mehrmaliges Kochen auch ein Abtöten dieser Keime möglich war. F. Cohn (1828–1898) entdeckte etwa zur gleichen Zeit, daß der Heubazillus hitzestabile Ruhestadien (Endosporen) bildet.

Durch die Arbeiten von Pasteur und Tyndall wurden die ernsthaften Diskussionen über die Spontanzeugung abgeschlossen. Ihre Ergebnisse zeigten eindeutig, daß in der heutigen Zeit eine spontane Entstehung von Lebewesen in sterilisierten organischen Medien nicht stattfindet.

2. Stoffumwandlungen durch Mikroorganismen

Die winzigen Lebewesen wuchsen und vermehrten sich in nicht sterilisierter Fleischbrühe und anderen organischen Aufgüssen. Dabei veränderten sich die organischen Stoffe, was oft mit einem unangenehmen Geruch verbunden ist. Waren die Mikroorganismen möglicherweise an dieser Zersetzung des Organischen beteiligt? Bereits Mitte des 18. Jahrhunderts hatte der Wiener Arzt M. A. Plenciz (1762) die Ansicht verkündet, daß das „würmige Gesäm“ (semivium verminosum), welches in Flüssigkeiten heranwachse, die Ursache der Fäulnis sei. Seit Jahrtausenden war auch bekannt, daß man durch bestimmte Verfahrensweisen begehrte Getränke herstellen kann. So brauten die Sumerer bereits 5000 v. Chr. aus Getreide (Brot) Bier, und die Assyrer ließen 3500 v. Chr. gezielt Traubensaft zu Wein vergären. Den Chemikern zu Pasteurs Zeiten war gleichfalls bekannt, daß man durch bestimmte Ansätze gezielt andere Stoffe herstellen konnte, z. B. Milchsäure, wenn man eine Zuckerlösung, Kalk und Stickstoffmaterial (Milcheiweiß) zusammengab. Die führenden Chemiker jener Zeit, J. J. von Berzelius, F. Wöhler und besonders J. von Liebig, hielten eine Beteiligung der Mikroorganismen an diesen chemischen Umsetzungen für Unsinn, obwohl es bereits einige zwingende Hinweise dafür gab, daß die Bildung von Äthanol aus Zucker durch Hefepilze verursacht wird. F. Kützing und Th. Schwann (1837) sowie C. Cagniard-Latour (1838) beobachteten die Entwicklung von Hefekügelchen während der Äthanolsynthese; ihre Schlußfolgerung war, daß die Äthanolgärung ein Lebensvorgang sei. Von Liebig wurden die Hefezellen nur als ein unwichtiges Nebenprodukt bei der chemischen Umsetzung abgetan. Er war überzeugt, daß nicht die Aktivitäten von lebenden Mikroorganismen, sondern chemische „Fermente" die Ursache für chemische Umsetzungen seien. Wieder war es Pasteur, der – im heftigen Widerstreit mit Liebig – mit überzeugenden Experimenten nachweisen konnte, daß eine Umwandlung organischer Stoffe durch Mikroorganismen erfolgt (1860). Er hatte sich dieser Forschungsrichtung zugewandt, als er von einem Industriellen aus Lille, bei dem große Schwierigkeiten bei der Herstellung von Äthanol aus Zuckerrübensaft auftraten, zu Hilfe gerufen wurde. Durch genaue mikroskopische Beobachtung des verdorbenen, sauren Rübensaftes kam er zu dem Schluß, daß neben den Hefepilzen, die Zucker zu Äthanol umwandeln, noch andere Mikroorganismen, nämlich Bakterien, aktiv sind und eine falsche, schlechte Gärung verursachen. Er wies weitere Gärungen nach, in denen Milch- oder Buttersäure gebildet wurde, und stürzte dabei eine weitere Doktrin jener Zeit, nämlich die Hypothese, daß Leben von (Luft-)Sauerstoff abhängig sei. Er konnte nachweisen, daß die Buttersäurebakterien (Clostridien) sich nicht nur ohne Sauerstoff vermehrten, sondern an der Luft sogar abgetötet wurden. Durch seine Untersuchungen mit „kranken Gärungen" und den Beobachtungen, daß unterschiedliche Bakterien für verschiedene Gärendprodukte verantwortlich sind, schloß er bereits damals, daß spezifische Bakterien möglicherweise auch bestimmte Krankheiten im Menschen verursachen könnten.

Der Londoner Arzt B. Marten äußerte in seinem Werk über die Schwindsucht (Tuberkulose) bereits 1720 die Vermutung, daß kleine Tierchen (animalcula) an der Verwundung und dem Zerfressen der zarten Lungengefäße beteiligt seien.

tige) Haut auf Wein oder Essig bilden und vielen Cyanobakterien, die in Aggregaten von mehreren Zentimetern wachsen (siehe Tafel 6); sie wurden daher früher als *Blaualgen* oder *blaugrüne Algen* der Gruppe der Algen zugeordnet. Riesige Matten von schwefelverwertenden Bakterien, die aus ungewöhnlich breiten und langen Zellfäden bestehen, wurden am Meeresboden gefunden (siehe Kapitel 5).

Aufbau der Bakterienzelle

Die Zelle ist die charakteristische Struktur eines jeden Organismus, somit auch der Bakterien. Jede Zelle ist gegenüber anderen Zellen oder der Umwelt durch eine Zellmembran (Cytoplasmamembran) abgegrenzt, auf welcher bei den meisten Bakterien zusätzlich eine Zellwand aufgelagert ist (Abb. 4 u. 5).

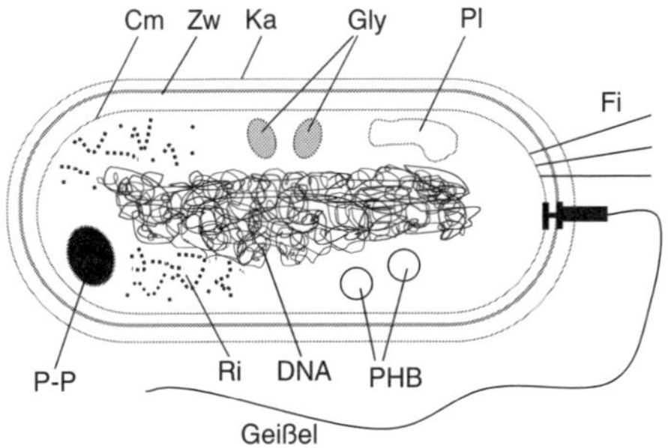

Abb. 4: Schematischer Längsschnitt durch eine Bakterienzelle. Cm: Cytoplasmamembran, DNA: Desoxyribonucleinsäure (Kernäquivalent), Fi: Fimbrien, Gly: Glykogen (Polysaccharid, Kohlenstoff- und Energiespeicher), Ka: Kapsel, Pl: Plasmid, PHB: Poly-β-hydroxybuttersäure (Kohlenstoff- und Energiespeicher), P-P: Polyphosphat (Phosphat- und Energiespeicher) Ri: Ribosomen, Zw = Zellwand

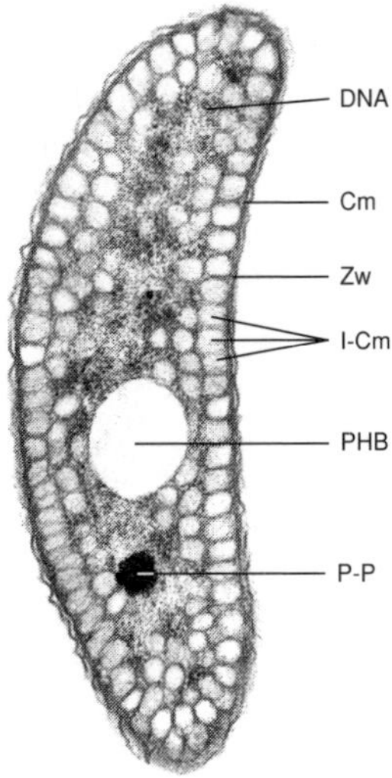

Abb. 5: Elektronenmikroskopische Aufnahme eines Dünnschnitts des phototrophen Bakteriums *Rhodospirillum rubrum*. DNA: Desoxyribonucleinsäure (= Kernäquivalent); Cm: Cytoplasmamembran; Zw: Zellwand; I-Cm: Intracytoplasmatische Membranen, auf denen der Photosyntheseapparat lokalisiert ist; PHB: Poly-β-hydroxybuttersäure, ein fettartiger Speicherstoff; P-P: Polyphosphat-Speicherstoff

Kernbereich und DNA

Innerhalb der Zelle läßt sich ein „Bakterienkern" (= Kernäquivalent) erkennen, der sich im elektronenmikroskopischen Dünnschnitt durch seine glattere fibrilläre Struktur deutlich vom granulären Cytoplasma abhebt, obwohl er nicht von einer Membran eingeschlossen ist. Der Bakterienkern entspricht einem Chromosom, da er im genetischen Sinne eine Kopplungsgruppe darstellt. Meist liegt in der Zelle nur ein ringförmig geschlossenes Chromosom vor, auf dem alle notwendigen Informationen für die Entwicklung des Organismus gespeichert sind. Da sich das Bakterienchromosom verdoppelt, bevor sich die ganze Zelle teilt, findet man auch 2 oder sogar 4 Kernbezirke.

Chemisch gesehen, besteht das Chromosom im wesentlichen aus Proteinen und Nucleinsäuren (DNA), den eigentlichen Trägern der genetischen Information. Die DNA liegt als langer, helikal gewundener, wendeltreppenartiger Doppelstrang (= Doppelhelix) vor (Abb. 6). Das Rückgrat jedes Stranges setzt sich aus Pentosezuckern (Desoxyribose) zusammen, die durch Phosphatmoleküle miteinander verbunden sind. An den Zuckermolekülen sind noch verschiedene basische Moleküle gebunden, die (über Wasserstoffbrücken) die beiden Stränge zusammenhalten. Es stehen sich dabei stets die Basen Adenin auf dem einen Strang und Thymin auf dem anderen Strang gegenüber, und ebenso bildet Guanin mit Cytosin ein Paar. Die Größe eines Chromosoms wird meist in der Anzahl dieser Basenpaare angegeben (s. u.). In der Reihenfolge dieser vier Basen sind alle Eigenschaften verschlüsselt, die das Leben, die Entwicklung und Vererbung jedes Organismus, ausmachen. Dieses „Erbgut“ (das Genom) besteht aus vielen Teilinformationen, den Genen, die für die Ausprägung bestimmter Merkmale zuständig sind.

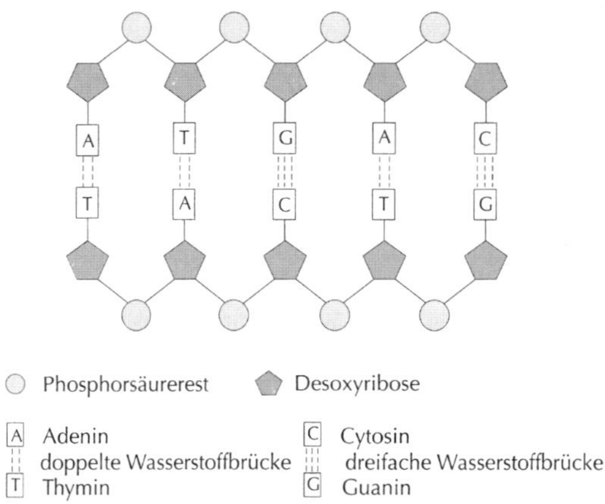

Abb. 6: Schema eines kleinen Abschnitts der DNA-Doppelhelix, dem Träger der genetischen Information. Die beiden Längsstränge (aus Desoxyribose und Phosphat) sind durch Wasserstoffbrücken der vier Basen Adenin + Thymin und Guanin + Cytosin miteinander verbunden.

Die DNA ist in der Zelle stark verdichtet. Zieht man die DNA auseinander, erhält man bei *E. coli* einen ringförmigen Strang von etwa 1,3 mm (!) Länge. In den parasitischen Mycoplasmen sind die DNA-Fäden nur ca. 0,25 mm lang, in Cyanobakterien bis 4 mm.

Viele Bakterien besitzen neben dem Chromosom noch Plasmide, kleine, normalerweise auch ringförmig geschlossene DNA-Moleküle. Sie sind in der Regel nicht für das Wachstum der Bakterienzelle notwendig, enthalten aber Informationen über wichtige zusätzliche Eigenschaften, wie etwa die Resistenz gegen Antibiotika.

Die erste vollständige Entschlüsselung der Baustein-Reihenfolge (der Sequenz) des Erbmaterials eines Organismus, des Bakteriums *Haemophilus influenzae,* im Jahre 1995 wurde noch als großes wissenschaftliches Ereignis gefeiert. Heute ist die Aufklärung der DNA-Bausteine (Basenpaare) nahezu Routine, wenn auch eine außerordentlich aufwendige, die noch immer mehrere Monate dauern kann. Zwei Jahre später waren bereits neun Bakteriengenome und ein Hefegenom identifiziert und veröffentlicht worden. Zu den bereits entschlüsselten Genomen von Eu- und Archaebakterien gehört auch das „Heimtierchen" der Genetiker, das Darmbakterium *Escherichia coli* (*E. coli*), der Organismus, über den die Forscher am meisten wissen. Das Coli-Genom (Stamm K12) besitzt 4,6 Millionen Bausteine (Basenpaare) mit etwa 4288 Genen. Einem Drittel der Gene konnte noch keine Funktion zugewiesen werden. Das Genom des pathogenen Bakteriums *Mycoplasma genitalium* enthält dagegen nur 0,58 Millionen Basenpaare mit etwa 480 Genen. Der Hefepilz *Saccharomyces cerevisiae,* ein eukaryotischer Organismus, hat dagegen 12 Millionen Basenpaare mit 5800 Genen auf 16 Chromosomen verteilt. Das menschliche Genom hat schätzungsweise 3 Milliarden Basenpaare mit 60 000–80 000 Genen.

Die vollständige Entschlüsselung eines bakteriellen Genoms ist nicht Selbstzweck, sondern dient dazu, weitere wichtige wissenschaftliche Fragestellungen zu bearbeiten. Kenntnisse über die genaue DNA-Zusammensetzung erleichtern die Analyse einzelner Gene und ihrer Produkte. Auch die Funktion noch unbekannter Gene läßt sich durch den Vergleich mit bekannten Genen anderer Organismen und durch Mutationen an einzelnen Genabschnitten erkennen.

Es könnten auch noch nicht kultivierbare oder sogar völlig unbekannte Bakterien aufgrund der Zusammensetzung ihres Genoms charakterisiert werden. Es ließen sich auch durch Vergleich des Genoms von pathogenen und nicht-pathogenen Stämmen einer Art die Faktoren erkennen, die die Krankheit auslösen, und dadurch mögliche Behandlungsmethoden ableiten.

Veränderung der Erbinformation in der DNA

Beim Menschen (wie bei allen höheren Organismen) entsteht durch die Befruchtung der Eizelle und der Neukombination der männlichen und der weiblichen Chromosomen sowie ihren Umbau und der Halbierung auf den normalen Chromosomensatz in der Meiose eine neue Zusammensetzung des Erbgutes. Durch diese sexuellen Vorgänge ändern sich der genetische Informationsgehalt und damit auch viele Eigenschaften des neuen Organismus, so daß, bis auf eineiige Zwillinge, bereits zu Beginn der Entwicklung kein Mensch genetisch dem anderen gleicht.

Bakterien besitzen keine „echte Sexualität", doch gibt es mehrere Möglichkeiten, ihr Genmaterial zu verändern und schnell *zu jeder Zeit* neue Gene zu erhalten. Gemeinsam ist den verschiedenen Typen der bakteriellen Genübertragung, daß jeweils nur ein Teilstück des Bakterienchromosoms in die Empfängerzelle gelangt. Anders als bei Ei- und Samenzelle verschmelzen Bakterien nicht miteinander, sondern es werden nur Gene übertragen.

Die neu aufgenommenen Gene werden nicht erst in der Nachkommenschaft wirksam, sondern können sofort die Eigenschaften der Empfängerzelle verändern (= horizontaler Gentransfer). Bei höheren Organismen wirkt sich dagegen die sexuelle Genkombination von männlichen und weiblichen

Fortpflanzungszellen erst bei der Entwicklung der Nachkommen aus (= vertikaler Gentransfer). Obwohl Bakterien keine echte Sexualität aufweisen, findet bei ihnen auch eine „genetische Rekombination“ statt, da bei einer Aufnahme von DNA der ursprüngliche Informationsgehalt in der Zelle durch die neuen Gene verändert wird.

Bereits Mutationen, Veränderungen von DNA-Bausteinen in Genen, beeinflussen die Zelleigenschaften. Es sind normalerweise spontane, seltene Ereignisse; durch schädliche Umweltfaktoren, beispielsweise Chemikalien oder UV-Strahlung, läßt sich die Mutationsrate stark erhöhen. Bakterien haben sehr effektive Mechanismen, Mutationen zu reparieren, doch auch nach der Ausbesserung kann die Geninformation etwas verändert bleiben, ohne daß negative Folgen für die Zelle eintreten. Einige dieser nicht sofort sichtbaren Genveränderungen können auch Wachstumsvorteile beinhalten, wenn sich die Umweltbedingungen ändern.

Aufnahme von freiem Genmaterial

Unter den Pneumokokken (*Streptococcus pneumoniae*) gibt es harmlose und krankheitsverursachende Stämme. Diese beiden Formen unterscheiden sich bereits äußerlich, da die gefährlichen Stämme von einer Kapsel umhüllt sind, die sie vor dem Abwehrsystem des Körpers schützt. 1928 beobachtete J. D. Griffith nach der Injektion von lebenden harmlosen Pneumokokken und hitzegetöteten, zuvor gefährlichen Stämmen in Mäuse, daß die Tiere starben. Die toten Zellen hatten ihre Virulenz (Ansteckungsfähigkeit) auf die harmlosen Stämme übertragen.

Noch zu Beginn der vierziger Jahre des 20. Jahrhunderts wurden Proteine als mögliche Träger der genetischen Information diskutiert. Der Beweis, daß die Information von Zelleigenschaften in Nucleinsäuren (DNA) gespeichert ist, gelang O. T. Avery und Mitarbeitern (1944) als sie die Versuche von Griffith im Reagenzglas wiederholten. Sie vermischten harmlose lebende Zellen mit aufgelösten (toten) Zellbestandteilen virulenter Stämme. Plötzlich traten unter den zuvor harmlosen Stämmen Formen auf, die eine Kapsel ausbildeten. Chemische Analysen mit verschiedenen Enzymen (protein-, DNA-, RNA-spaltende Enzyme) ergaben, daß nur eine Vorbehandlung der aufgelösten virulenten Zellen mit DNA-zerstörenden Enzymen die Übertragung der Information zur Kapselbildung auf die lebenden Zellen verhinderte. Die DNA mußte demnach der Träger der Information gewesen sein, die für die Kapselbildung in den zuvor kapsellosen (harmlosen) Zellen notwendig war. Die Aufnahme von Genen durch freie DNA wird als *Transformation* bezeichnet. Die Weitergabe von zellfreier DNA läßt sich auch in der Natur beobachten. Sie kann besonders unter Bedingungen stattfinden, unter denen die DNA an Oberflächen adsorbiert und dadurch vor dem Angriff DNA-spaltender Enzyme weitgehend geschützt ist. Der Zelltod hindert demnach Bakterien nicht daran, Gene für bestimmte Eigenschaften noch lebenden Zellen zu vererben.

Übertragung von Genen durch Viren

Ein in der Welt der Bakterien weit verbreiteter Mechanismus des Einschleusens von Genmaterial von Zelle zu Zelle findet mit Bakterienviren (= Bakteriophagen = Phagen) als Überträger statt. Nach einem Befall der Bakterienzelle können bei der Phagenvermehrung Teilstücke des Bakterienchromosoms zusätzlich oder anstelle von Phagen-Genen in neue Phagen eingebaut werden. Die genetisch veränderten Phagen verlieren oft die Fähigkeit, neu befallende Wirtszellen aufzulösen. Sie können sogar in das Genom des Wirts eingebaut werden, so daß die mitgeführten Bakteriengene des alten Wirts dem neuen Wirt zusätzliche Eigenschaften verleihen. Auch können bestimmte Phagen vorübergehend in das Genom des Bakterienwirts eingebaut werden (dann als *Prophage* bezeichnet). Oft bleibt bei einer späteren Freisetzung der Phagen am Phagengenom ein kleines Teilstück des Wirtsgenoms hängen. Befallen diese Phagen einen neuen Wirt und werden wieder als Prophage im Wirtsgenom eingebaut, erhält der neue Wirt auch die Gene vom vorangehenden Bakterienwirt, den der Phage „mitgehen" ließ. Auf diese Weise erwirbt die befallene

Zelle zusätzliche Gene für neue Eigenschaften. Diese Übertragung von Genmaterial mit Phagen als Vehikel wird als *Transduktion* bezeichnet. Besonders wichtig ist dabei die Verbreitung von Virulenzgenen, beispielsweise die Information zur Synthese von Giftstoffen (Toxinen).

In der Gentechnik werden Phagen, denen man bestimmte Gene eingepflanzt hat, gezielt als Überträger (Vektoren) dieser Information in andere Zellen genutzt. Auf diese Weise lassen sich beispielsweise in *E. coli* menschliche Gene für ein Wachstumshormon einführen, das dann mit hoher Rate von dem Bakterium produziert wird.

Pseudosexualität bei Bakterien

Zwischen Bakterien findet man auch Genübertragungen, die den sexuellen Vorgängen bei höheren Organismen etwas ähnlich sind. In diesem Fall legen sich zwei Bakterien nebeneinander. Von einem Bakterium wird dann eine Plasmabrücke zum anderen ausgebildet, durch die ein Teilstück des Chromosomenfadens und damit nur ein Teil der Gene übergeht. Die Länge des Teilstücks kann dabei sehr unterschiedlich sein, und die Übergabe erfolgt nur in eine Richtung. Bei dem am besten untersuchten Bakterium *E. coli,* zeigte es sich, daß nicht alle Stämme als Spender (Donor) wirken können. Es gibt zwei Zelltypen: die „männliche" „Donor"-Zelle und die „weibliche" „Empfänger"-Zelle (Rezeptor-Zelle). Diese Form der „parasexuellen" Genübertragung von Bakterienzelle zu Bakterienzelle heißt *Konjugation.* Nicht nur Teile des Chromosoms, sondern auch Plasmide werden über Plasmabrücken, weitergegeben, beispielsweise Resistenzplasmide (früher Resistenzfaktoren), die Resistenzgene enthalten. Diese Plasmide wurden 1959 in Japan bei einer an Ruhr erkrankten Patientin entdeckt, deren Ruhrerreger (*Shigella*-Bakterien) gleich gegen vier Antibiotika (Streptomycin, Neomycin, Tetracyclin, Chloramphenicol) und Sulfanilamid resistent waren und dadurch nicht mehr auf die damals wirksame Antibiotikatherapie ansprachen.

Die Gefährlichkeit einer Übertragung von Resistenzfaktoren läßt sich auch an einem bekanntgewordenen klinischen

Fall erkennen. Bei einem an Typhus erkrankten Patienten besaß der Erreger (*Salmonella typhi*) eine sechsfache Resistenz gegen Antibiotika. Stuhlproben des Patienten, zu Beginn der Krankheit entnommen, enthielten überraschenderweise keine resistenten Salmonellen. Im Darm ließen sich aber harmlose *E.-coli*-Stämme nachweisen, die diese Mehrfachresistenz gegen Antibiotika besaßen. Einige der pathogenen Salmonellenzellen hatten demnach die Resistenzgene aufgenommen und sich unter dem Selektionsdruck während der Antibiotikatherapie angereichert.

Ein Übertragen von DNA durch eine Konjugation ist nicht nur im Verdauungstrakt von Menschen und Tieren, sondern auch auf Blättern von Pflanzen und im Boden nachgewiesen worden.

Die verschiedenen Arten einer Veränderung des genetischen Informationsgehalts in Bakterienzellen durch Mutationen und Genaufnahme erlaubt eine schnelle Anpassung an die jeweiligen Umweltbedingungen. Gefördert und beschleunigt wird die Anpassung noch dadurch, daß neu erworbene Gene sofort wirksam werden können, die Vermehrung meist sehr schnell verläuft und verschiedene Plasmide, die für Bakterien nützliche Gene enthalten, nicht nur innerhalb einer Art, sondern auch zwischen verschiedenen Arten (auch nichtverwandter Bakterien) weitergegeben werden können.

Cytoplasma und Zellwand

Neben dem Kernbereich fallen im Cytoplasma die Ribosomen, die Bildungsstellen für Proteine auf. Sie geben dem Cytoplasma im elektronenmikroskopischen Bild ein granuläres Aussehen. Ribosomen sind etwa 16 x 18 nm (nm = 1 millionstel mm) groß und bestehen zu 60% aus Ribonucleinsäure (RNA) und zu 40% aus Protein. Die Anzahl der Ribosomen pro Bakterienzelle beträgt 5000–50000 (*E. coli* ca. 15000). Molekulare Bestimmungen der RNA-Zusammensetzung in Ribosomen-Untereinheiten können zur Indentifizierung und systematischen Einordnung von Bakterien und anderen Organismengruppen genutzt werden (Tafel 5/6, Kapitel 10).

Nach außen wird bei fast allen Bakterien die Zelle von einer Zellwand umschlossen. Sie bestimmt die Zellform und schützt die Zelle vor osmotischer Auflösung (= Lyse) in einem Medium, das einen geringeren Salzgehalt hat. Die Zusammensetzung kann sehr unterschiedlich sein, bei den „echten" Bakterien (Eubacteria, s.u.) ist aber immer Murein (Peptidoglycan), eine komplizierte Verbindung aus Zucker- und Aminosäurebausteinen, vorhanden. Es dient als Stützskelett und gibt der Zelle ihre Form.

Die Zusammensetzung der Zellwand ist für das unterschiedliche Verhalten der Zelle bei der Gramfärbung verantwortlich, die ein wichtiges taxonomisches Merkmal ist (Tafel 1). *Gramnegative Bakterien* haben eine dünne Zellwand mit einer einschichtigen Mureinschicht, die 5–10% des Trockengewichts der Zellwand ausmacht. Auf dem Mureingerüst sind große Mengen anderer komplexer Verbindungen aufgelagert (Lipoproteine, Lipopolysaccharide, Phospholipide, Abb. 7).

Grampositive Bakterien haben eine dickere, homogen aufgebaute Zellwand, in der ein vielschichtiges Mureinnetz (10–50 nm) eingelagert ist.

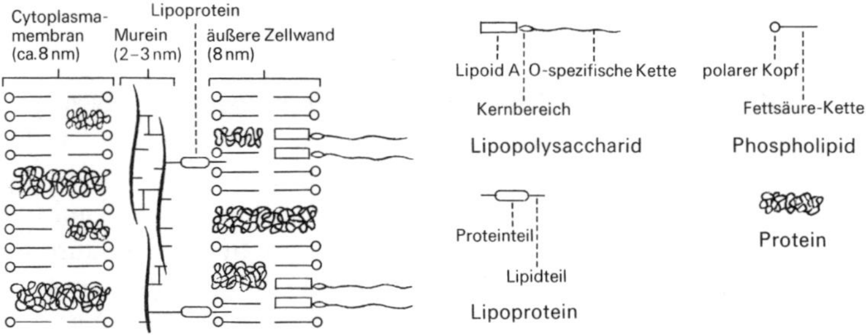

Abb. 7: Modell des Aufbaus der Zellhüllen und der Anordnung der einzelnen Komponenten eines gramnegativen Bakteriums

Die einzigen prokaryotischen Mikroorganismen, die in ihrer Zellwand kein Murein besitzen, sind die Archaebakterien (s. Kap. 10). Völlig ohne Zellwand sind die parasitischen Mycoplasmen und *Thermoplasma*-Arten, die dadurch eine stark wechselnde Zellform aufweisen.

Die Zellwand vieler Bakterien kann durch Auflagerung von lockerem, stark wasserhaltigem Material deutlich verdickt sein, z. B. von Kapseln, die einigen pathogenen Bakterien als Schutz vor dem Abwehrsystem des Körpers dienen, oder durch Schleime, die für den Zusammenhalt von verschiedenen Bakterien in Biofilmen und Flocken sowie in Kolonien gleicher Stämme wichtig sind.

Geißeln, Pili und Fimbrien

An der Oberfläche vieler Bakterien befinden sich noch eine Reihe von Anhängen aus Protein. *Geißeln* dienen zur Fortbewegung. *Fimbrien* und *Pili* sind wie die Geißeln fädige, zylindrische Proteinfilamente. Sie scheinen hauptsächlich bei der Anhaftung der Zellen, untereinander und an Geweben anderer Organismen, eine Rolle zu spielen, beispielsweise beim Festsetzen von Krankheitserregern an Schleimhäuten des Menschen, oder von Sex-Pili, Geschlechts-Pili, durch die ein Austausch von genetischem Material von einer Zelle (Spenderzelle) zu einer anderen (Empfängerzelle) möglich ist.

Endosporen

Eine Reihe von Bakterien haben die Fähigkeit, innerhalb der Zelle Endosporen zu bilden, die ungünstige Wachstumsbedingungen überstehen können. Von größter Bedeutung ist, daß diese Dauerformen eine außerordentliche Hitzeresistenz aufweisen. Sie vertragen ein stundenlanges Kochen, so daß ein enormer Aufwand für eine Abtötung (Sterilisation) notwendig wird. Die beiden wichtigsten Gattungen der sporenbildenden Bakterien sind die aeroben Bacillen und die anaeroben Clostridien. Die Sporen sind im Lichtmikroskop stark lichtbrechend. In der Regel wird nur eine Spore pro Zelle gebildet.

Endosporen können jahrelang ungünstige Bedingungen überstehen. In geeigneten Nährböden keimen sie nach einer Wasseraufnahme und Quellung in wenigen Minuten. Bacillen mit Sporen sind auch im Bernstein nachgewiesen worden. Die Meldung, daß aus diesen Endosporen wieder vegetative Zellen ausgewachsen sein sollen, sind mit Zweifel aufgenommen worden.

Die Sporenbildung ist bei vielen Bacillen mit einer Synthese bestimmter Antibiotika verbunden (Peptid-Antibiotika: z. B. Bacitracin, Gramicidin); sie verändern die Membranstrukturen oder -funktionen.

In Zellen von *Bacillus thuringiensis* und verwandten Arten bildet sich neben der Spore noch ein kristallines Protein (parasporaler Kristallkörper), die Vorstufe eines Toxins. Im alkalischen Darmsaft (pH > 9) bestimmter Insekten (Lepidopteren) wird das Toxin freigesetzt und zerstört das Darmepithel der Raupen. *Bacillus-thuringiensis*-Präparate (BTI) mit den Kristallkörpern werden heute in größerem Umfang in der biologischen Schädlingsbekämpfung (z. B. zur Schnaken-Bekämpfung in den Rheinauen) eingesetzt, da sie für Bienen und Menschen unschädlich sind.

Magneteinlagerung

Bemerkenswert ist die Einlagerung kleiner Magnete (Magnetit, Magnetosomen) in bestimmten Wasserbakterien (z.B. *Aquaspirillum magnetotacticum*), die sich dadurch im magnetischen Feld der Erde orientieren können.

Wachstumsbedingungen

Die Bedingungen für Wachstum und Vermehrung von Bakterien können außerordentlich vielfältig sein. Wie alle Organismen benötigen auch Mikroorganismen eine Reihe von Nährstoffen, die sie aus der Umwelt aufnehmen. Da die Zellen hauptsächlich aus Wasser bestehen (ca. 80%), ist Wasser für das Wachstum unbedingt notwendig (Tab. 1).

Tab. 1: Chemische Zusammensetzung einer Bakterienzelle

Wasser 80%		Trockengewicht 20%	
Zellpolymere:			
Zellwand	20%	RNA	10–20%
Lipide	10%	DNA	3–4%
Protein	50%		

Der Wassergehalt des Mediums muß mindestens 20% betragen, oft genügt aber auch ein dünner Feuchtigkeitsfilm, z.B. auf der Haut.

Die Ansprüche der Bakterien an die Kohlenstoff- und Energiequelle sowie an die weitere Zusammensetzung der Nährlösung sind sehr unterschiedlich. Einige Bakterien, z.B. Nitrifizierer, wachsen in einer rein mineralischen Nährlösung mit Kohlendioxid als Kohlenstoffquelle (= C-*autotroph*), andere Bakterien benötigen ein oder auch mehrere organische Substrate (= C-*heterotroph*). Es gibt keine biologisch entstandene organische Verbindung, die nicht von Mikroorganismen als Kohlenstoff und Energiequelle verwertet werden könnte. Bei einigen Bakteriengruppen gibt es aber „Spezialisten", die nur wenige Substrate abbauen können (z.B. methanoxidierende Bakterien), andere Gruppen (Pseudomonaden) können dagegen eine Vielzahl an organischen Verbindungen als Kohlenstoff- und Energiequelle nutzen. *Pseudomonas cepacia* verwertet etwa 100 verschiedene organische Substrate: viele Kohlenhydrate (Zucker, Zuckerabkömmlinge), Fettsäuren, Dicarbon- und andere Säuren, primäre Alkohole (Äthanol), Aminosäuren, stickstoffhaltige Substanzen und Ringverbindungen (Benzoat, Phenol). Neben der organischen C-Quelle ist oft Kohlendioxid (CO_2) zusätzlich für Synthesen notwendig. Isoliert man Mikroorganismen aus der Natur, so können durch die Wahl der Substrate und der Kulturbedingungen die unterschiedlichsten Arten angereichert werden. Eine Anreicherung bestimmter physiologischer Bakterientypen findet man auch in der Natur, abhängig von dem dortigen Nährstoffangebot und den weiteren Umweltbedingungen. Besonders Extrembiotope, z.B.

saure heiße Quellen, werden nur von wenigen Bakterienarten besiedelt.

Eine hohe Zahl von Mikroorganismen, z.B. *Escherichia coli* und viele Pseudomonaden, wachsen schnell in einer Nährlösung, die nur aus einigen anorganischen Salzen und einer organischen Kohlenstoff- und Energiequelle (z. B. Glucose) besteht.

Nährlösungen, die eine komplexe, nicht genau definierte Zusammensetzung besitzen, werden heterotrophen Bakterien angeboten, deren Nährstoffansprüche nicht genau bekannt sind, aber auch, um ein schnelleres Wachstum zu erreichen. Als komplexe Zusätze verwendet man beispielsweise Peptone (halbverdaute Proteine), Blut, Fleischextrakt, Hefeextrakte oder -autolysate, Soja- oder Erdnußmehl, Maisquellwasser, Bierwürze (Brauereimalzextrakt), Fruchtsäfte, Melasse, Heu-Dekokt (abgekochter Heuaufguß) und Wildkaninchenkot (für Myxobakterien).

Zur Herstellung fester Nährböden wurde anfangs von R. Koch Gelatine, ein Protein, in die Bakteriologie eingeführt. Heute wird Gelatine nur noch selten zur Verfestigung benutzt, weil sie schon zwischen 26 °C und 30 °C schmilzt und von vielen Bakterien durch einen Abbau verflüssigt wird. Schon 1883 ist von W. Hesse, einem zeitweiligen Mitarbeiter von R. Koch, Agar (Agar-Agar) zur Verfestigung eingeführt worden. Die Anregung, Agar zu verwenden, kam von seiner Frau, die das Rezept für dieses in den Tropen gebräuchliche Geliermittel für Fruchtgelees von Freunden aus Batavia (Java) erhalten hatte. Agar ist ein komplexes Polysaccharid aus Rotalgen, das in einer Konzentration von 1,5–3,0% der flüssigen Nährlösung zugegeben wird.

Außer der richtigen Zusammensetzung der Nährböden müssen für ein gutes Wachstum noch weitere physikalische und chemische Umweltbedingungen erfüllt sein. Wichtig sind: Säurewert (= Wasserstoffionenkonzentration = pH-Wert), Temperatur, osmotischer Wert und Sauerstoffkonzentration.

Wasserstoffionenkonzentration

Der Säuregrad einer Lösung, die Konzentration an H^+- bzw. OH-Ionen (gemessen als pH-Wert, Tab. 2), hat einen entscheidenden Einfluß auf das Wachstum der Bakterien. Die Einstellung eines bestimmten geeigneten pH-Wertes und die Erhaltung des pH-Wertes während des Wachstums ist von großer Wichtigkeit.

Tab. 2: Die pH-Werte häufig gebrauchter Lösungen.
Der pH-Wert von Säuren und Basen ist ein Maß für den Säuregehalt (Wasserstoffionenkonzentration) in wäßrigen Lösungen.

sauer (neutral)	*pH*	*alkalisch*	*pH*
n-Salzsäure	0	Blutflüssigkeit	7,36
Magensalzsäure	0,9–1,5	Darmsaft	8,3
gewöhnl. Essig	3,1	Seewasser	8,3
saures Silofutter	3–4	1/10n-Sodalösung	11,3
saure Milch	4,4	Kalkwasser	12,3
reines Wasser	7,0	n-Natronlauge	14,0

Die meisten Bakterien wachsen am besten in einem neutralen pH-Bereich um 7,0 und lassen sich gut in leicht saurem (pH 6,0) bis leicht alkalischem (pH 8, 9) Milieu kultivieren.

Viele Bakterien bevorzugen mehr alkalische pH-Werte (Nitrifizierer, Rhizobien, Actinomyceten, harnstoffzersetzende Bakterien). Es gibt auch einige Arten, die säuretolerant sind (Milchsäurebakterien, Essigsäurebakterien). Die Unfähigkeit der meisten, gerade der eiweißzersetzenden Bakterien (Fäulnisbakterien), unter sauren Bedingungen (unterhalb eines pH-Wertes von 4,0–3,5) zu wachsen, wird bei der Konservierung von Nahrungsmitteln ausgenutzt, indem durch Zugabe von Essigsäure oder durch eine natürliche Ansäuerung mit Milchsäurebildnern (Lactobakterien) ein Verderben verhindert wird.

Es gibt sogar säureliebende („acidophile“) Bakterien, die bei einem stark sauren pH-Wert von 2,0 ein sehr gutes Wachstum zeigen und noch unter einem pH-Wert von 1,0 aktiv sind (Thiobacillen), sich aber bei einem pH über 7,0 nur schlecht oder gar nicht vermehren. Einige Bakterien aus Solfataren

(Schwefelgewässer), die Archaebakterien *Picrophilus oshimae* und *P. torridus*, wachsen sogar unter extrem sauren Bedingungen (pH 0, entspricht verdünnter [1n]-Salzsäure). Ihr Wachstumsoptimum liegt bei pH 0,7 und einer Temperatur von etwa 60 °C.

Temperatur

Einer der wichtigsten Faktoren für den Stoffwechsel, das Wachstum und die Abtötung von Bakterien ist die Temperatur.

Seit der Zeit der „Mikrobenjäger" (1860–1900) wurde allgemein angenommen, daß vegetative Zellen von Bakterien bei Temperaturen über 80 °C immer abgetötet werden. So empfahl L. Pasteur, Wein und Bier kurz auf 80 °C zu erhitzen, um sie lagerfähig zu machen und einen „Essigstich" zu vermeiden. 1972 beschrieb Thomas D. Brock (University of Wisconsin), der sich besonders für die mikrobielle Besiedlung heißer Quellen im Yellowstone Nationalpark (USA) interessierte, als erster ein Bakterium, das noch bei 85 °C wachsen konnte. Dieses Bakterium, *Sulfolobus acidocaldarius* (der „säure- und hitzeliebende Schwefellappen"), bevorzugt nicht nur ein sehr warmes Milieu, sondern mag es auch sehr sauer (pH-Wert ca. 2,0). Seit diesem Fund, der die Suche nach Thermophilen stark angeregt hatte, ist eine große Anzahl dieser hitzeliebenden Bakterien gefunden worden, sogar extrem thermophiler Arten. Den Temperaturrekord hält heute (Anfang 1999) *Pyrolobus fumarii* (der „Feuerlappen aus dem Kamin"), der von K. O. Stetter und H. W. Jannasch aus der Tiefsee (–3650 m) in der Nähe eines vulkanischen Kamins des mittelatlantischen Meeresrückens isoliert wurde. Sein Wachstumsoptimum liegt bei 105 °C, und sein Wachstumsmaximum reicht bis 113 °C (Tab. 3). Dieses Bakterium und eine Reihe anderer „Hyperthermophiler" fallen bei 80 °C, einer Temperatur, die zum Abtöten „normaler" Bakterien ausreicht, in einen Kälteschlaf und wachsen nicht mehr. *Pyrodictium*-Arten sind so hitzeresistent, daß sie im Druckkessel (Autoklav) ein Erhitzen von

Tab. 3: Temperaturbereich und Säurewert (pH) des Wachstums einiger hitzeliebender Bakterien

	Temperaturbereich (°C)			
*Art *)*	*Minimum*	*Optimum*	*Maximum*	*pH-Wert*
Thermotoga maritima	55	80	90	5–9
Aquifex pyrophilus	67	85	95	5–7
Sulfolobus acidocaldarius	60	75	85	1–5
Acidianus infernus	60	80	89	2–5
Pyrodictium occultum	82	105	110	5–7
Methanopyrus kandleri	84	98	110	5–7
Pyrolobus fumarii	90	105	113	4–6,5

*) *Thermotoga* und *Aquifex* gehören zu den „echten" Bakterien, die übrigen Arten zu den Archaebakterien.

121 °C für eine Stunde aushalten, obwohl sie keine hitzeresistenten Sporen ausbilden.

Es werden drei *Kardinalpunkte* der Temperatur unterschieden: Das *Minimum,* unter dem kein Wachstum mehr möglich ist, das *Optimum,* bei dem die Enzymreaktionen in der Zelle mit optimaler Rate ablaufen, und das *Maximum,* über dem kein Wachstum mehr erfolgt. Der scharfe Abfall bei hoher Temperatur wird durch eine Inaktivierung hitzeempfindlicher Zellstrukturen (Enzyme, Membranstrukturen) verursacht und kann irreversibel sein.

Der Temperaturbereich, in denen Bakterien wachsen können, reicht von –14 °C bis +113 °C, variiert bei einzelnen Arten jedoch sehr stark. Nach ihrem Temperaturverhalten wurden die Bakterien früher in drei Gruppen: *psychrophile, mesophile, thermophile* Bakterien eingeteilt, heute um die Gruppe der *extrem Thermophilen* ergänzt. Die besonders hitzeliebenden Formen, die unter 80 °C nicht mehr wachsen können und ihr Optimum bei etwa 100 °C haben, werden oft auch als *Hyperthermophile* bezeichnet. Diese Bakterienarten sind nicht nur wegen ihrer Hitzebeständigkeit interessant, sondern weil sie auch andere altertümliche stoffwechselphysiologische Eigenschaften besitzen (s. Kapitel 5).

Die übrigen extrem Thermophilen fühlen sich bei Temperaturen um 90 °C besonders wohl, stellen ihr Wachstum bereits zwischen 70° und 60 °C ein, weil es ihnen dann zu kalt ist, und über 100 °C ist es ihnen wieder zu heiß. Normale thermophile Bakterien, besonders Sporenbildner und Cyanobakterien, haben ein Wachstumsoptimum von ca. 60 °C und ein Wachstumsmaximum bei etwa 70 °C.

Viele spezifische Proteine thermophiler und extrem thermophiler Bakterien zeigen – wie zu erwarten – eine hohe Temperaturstabilität: Während bei 60 °C 55 % der Proteine des Darmbakteriums *E. coli* inaktiviert werden, ist bei einigen thermophilen Bacillen keine Zerstörung (Denaturierung) zu erkennen. Die Thermophilen gewinnen daher auch kommerziell immer mehr an Bedeutung, z. B. zum Gewinn hitzestabiler Enzyme und von anderen organischen Stoffen. Hitzestabile Enzyme (Proteinasen, Lipasen, Amylasen) werden z. B. in der Waschmittelherstellung eingesetzt. Außerordentlich bedeutsam ist die Taq-Polymerase aus *Thermus aquaticus* oder die Pfu-Polymerase aus *Pyrococcus furiosus*; diese Enzyme, die zur Vervielfältigung von DNA dienen, sind in der modernen Genetik unentbehrlich geworden. Auch die Herstellung von nützlichen Chemikalien (z. B. Äthanol) bei höheren Temperaturen hätte den Vorteil, daß eine Infektionsgefahr durch „normale" Bakterien stark vermindert wird.

Die meisten Bakterien, unter ihnen die wichtigen pathogenen Formen, sind mesophil und vermehren sich gut zwischen 20 °C und etwa 45 °C.

Die psychrophilen Bakterien sind vorwiegend marine Organismen; ihr Temperaturoptimum liegt unter 20 °C. Wenig auffällig sind viele Bakterien, die im Schnee oder Gletschereis von Spuren an organischen Substraten oder als Parasiten von Algen leben. Auch im ewigen Eis der Arktis und Antarktis läßt sich eine hohe Anzahl an Bakterien nachweisen, die unter 0 °C wachsen können. Einige der obligat psychrophilen Arten wachsen nicht über 20 °C oder werden bei diesen für sie „hohen" Temperaturen sogar abgetötet.

Osmotischer und hydrostatischer Druck

Die meisten Bakterien können sich verhältnismäßig gut dem osmotischen Druck einer Nährlösung in relativ weitem Bereich anpassen; sie sind *osmotolerant*. Viele wachsen bei einem Salzgehalt der Lösung von 0,1–10%. Einige marine Bakterien sind extrem halophil und zum Wachstum und Überleben auf einen hohen Gehalt an Kochsalz (NaCl) des Mediums angewiesen. So lebt beispielsweise *Halobacterium salinarium* bei einem NaCl-Gehalt von 12%–36% (salzgesättigt).

Es gibt aber nur wenige Mikroorganismen, die bei sehr hohem osmotischen Druck wachsen, so daß sich Lebensmittel gut mit 14–25%iger Salzlösung (Salzhering) oder hohem Zuckergehalt (ca. 50% Saccharose; Marmelade, Sirup) konservieren lassen.

Hohen hydrostatischen Druck können Bakterien meist gut vertragen. Es gibt sogar Tiefseebakterien, die bei normalen Druckverhältnissen nicht oder nur sehr schlecht wachsen und für die ein Druck von 600 bar besonders günstig ist.

Sauerstoffkonzentration

Nach ihrem Sauerstoffbedarf im Energiestoffwechsel und der Toleranz gegen Sauerstoff (O_2) teilt man die Bakterien in drei Gruppen ein:

1. die *obligat* (streng) *aeroben Bakterien,* die Sauerstoff im Atmungsstoffwechsel benötigen,
2. die *fakultativ anaeroben Bakterien,* die bei Fehlen von Sauerstoff anstelle des oxidativen Atmungsstoffwechsels einen effektiven Gärungsstoffwechsel und/oder eine anaerobe Atmung ausführen können (z. B. eine Nitratatmung),
3. die *anaeroben Bakterien,* die nur einen anaeroben Gärungsstoffwechsel und/oder eine anaerobe Atmung besitzen und Sauerstoff nicht zum Energiegewinn nutzen können. Unter den anaeroben Bakterien gibt es *obligat* (streng) anaerobe Arten, für die Sauerstoff hoch toxisch ist, und *aerotolerante* Formen, die einem geringen O_2-Partialdruck standhalten.

Auch für einige aerobe Bakterien ist der normale O_2-Partialdruck (20 Vol. %) zu hoch, so daß er für ein gutes Wachstum der Zellen auf 10–2% abgesenkt werden muß. Besteht diese O_2-Empfindlichkeit unter allen Wachstumsbedingungen, so spricht man von *mikroaerophilen* Bakterien.

Vermehrung

Das Wachstum von Bakterien schließt in der Regel eine Vermehrung ein. Es muß aber beim Wachstum von Mikroorganismen zwischen Zunahme der Zellmasse und der Zellzahl unterschieden werden. Jede Bakterienart hat abhängig von den äußeren Wachstumsbedingungen in der Phase des schnellsten (logarithmischen) Wachstums eine spezifische Teilungsrate. Die Generationszeit, die Zeit zwischen zwei Teilungen, kann wie bei den thermophilen Bakterien nur wenige Minuten (0,14 Stunden), bei den nitrifizierenden Bakterien im mineralischen Medium 10–20 Stunden oder bei einigen pathogenen und kälteliebenden Formen Tage und Wochen betragen.

Der schnelle Stoffwechsel und die schnelle Teilung vieler Bakterienarten, oft in weniger als einer halben Stunde, kann bei der Herstellung bakterieller Produkte sehr nützlich sein, sich aber auch verheerend auswirken, wenn beispielsweise pathogene Bakterien in Nahrungsmitteln Giftstoffe ausscheiden oder sich im Darm explosionsartig vermehren (z. B. Choleraerreger).

Würden sich Bakterien ungehemmt (exponentiell) vermehren, so wäre von einem typischen Bakterium (z. B. *E. coli*, Volumen 1 μm^3, Verdopplungszeit alle 20 Minuten) in 50 Stunden das Volumen der Tochterzellen bedeutend größer als das Erdvolumen (ca. 10^{12} km^3).

Glücklicherweise verhindert der Mangel an schnell verwertbaren Substraten diese drastische Zunahme der bakteriellen Biomasse. Auch ihre natürlichen Feinde, z. B. tierische Einzeller und Schleimpilze, nehmen sie als Nahrung auf und verhindern eine zu starke Ausbreitung. Außerdem können sie von parasitischen Bakterien (z. B. *Bdellovibrio*) und Viren (Bakteriophagen) befallen und abgetötet werden.

Trotzdem ist die Bakterienzahl auf der Erde fast unvorstellbar groß. Es wird geschätzt, daß ihre Gesamtzahl fünf Millionen Billionen Billionen (= 5 mit 30 Nullen) beträgt. In 1 g Komposterde leben immerhin 1–5 Milliarden, und in 1 m^3 verschmutzter Luft befinden sich noch mehrere Millionen Bakterien (s. Tafel 7).

Bisher wurden ca. 5000 Bakterienarten isoliert und beschrieben. Es wird aber angenommen, daß uns nur etwa 1% aller Arten bekannt sind.

Hemmung und Abtötung

Abwehrmaßnahmen gegen das Wachstum von Mikroorganismen spielen im täglichen Leben eine bedeutende Rolle. Es sei nur an das sterile Arbeiten in Krankenhäusern und bei der Arzneimittelherstellung, der Lebensmittelkonservierung sowie der Imprägnierung von Holz oder Textilien erinnert. Eine Abtötung aller Mikroorganismen – oder genauer formuliert, eine Schädigung, die zum Verlust der Vermehrungsfähigkeit führt – wird Sterilisation oder Entkeimung genannt. In der Medizin versteht man unter Entkeimung (im engeren Sinne) oft die Beseitigung aller Keime durch eine sterile Filtration. In vielen Fällen (z. B. in der Milchwirtschaft) wird nur eine Teilentkeimung (Pasteurisation) durchgeführt.

Eine Sterilisation kann durch trockene und feuchte Hitze, Filtration, Strahlung oder chemische Mittel erfolgen. Der Verlauf der Abtötung ist von der Organismenart und von mehreren äußeren Bedingungen (z. B. Feuchtigkeit, pH-Wert) abhängig. Die Zahl der Keime hat auch einen wesentlichen Einfluß auf die notwendige Sterilisationszeit.

Hitzesterilisation

Meistens wird feuchte oder trockene Hitze zur Sterilisation benutzt. In feuchter Hitze koaguliert das Protein vegetativer Bakterien- und Pilzzellen schon nach 5–10 Minuten bei 60 °C. Für Hefen und Pilzsporen benötigt man Temperaturen von 80 °C und für resistente Bakteriensporen 121 °C, um in 5–30 Minuten eine Abtötung zu erhalten. Die Sterilisation bei 121 °C mit feuchter Hitze erfolgt mit heißem Wasserdampf unter Druck (1,0 atü) in einem Wasser-Druckkessel (= Autoklav). Die hohe Sterilisationstemperatur zur Abtötung der bakteriellen Endosporen in Nährlösungen kann umgangen werden, indem man mehrmals hintereinander, jedesmal wenn die Sporen wieder ausgekeimt sind, durch Kochen (100 °C) sterilisiert (Tyndallisieren, fraktionierte Sterilisation).

Gegen trockene Hitze sind Mikroorganismen bedeutend resistenter als gegen heißen Wasserdampf, so daß höhere Temperaturen und eine längere Einwirkungszeit nötig sind. Viele Sporen von Bodenbakterien ertragen Temperaturen von 180 °C über einen Zeitraum von fast 15 Minuten.

Konservierung

Durch verschiedene Methoden der Konservierung werden Nahrungsmittel vor dem Verderben geschützt; nicht nur weil Mikroorganismen sie zersetzen und abbauen und damit ungenießbar machen, sondern weil einige Arten auch hochgiftige Stoffe (Toxine) produzieren, die zu gefährlichen oder sogar tödlichen „Nahrungsmittelvergiftungen" führen können. In vielen Fällen ist es nicht notwendig, Nahrungsmittel völlig keimfrei zu machen, sondern es genügt, wenn die pathogenen Keime abgetötet werden. Milch wird daher, um den Geschmack nicht zu stark zu verändern, in der Regel nur pasteurisiert. Für kürzere Lagerzeiten unter Kühlung genügt eine Kurzzeiterhitzung (Pasteurisation) bei 71,5–75 °C (15–30 Sekunden) oder eine Hocherhitzung auf 85–87 °C (4–5 Sekunden). Nach einer Ultrahocherhitzung (UHT) entweder auf 135 °C für 2–3 Sekunden oder 1–2 Sekunden bei 150 °C bleibt Milch wochenlang auch bei Zimmertemperatur haltbar („H-Milch"). Die hohen Temperaturen werden durch Einspritzen von überhitztem Dampf erreicht; das zusätzliche Wasser wird anschließend der Milch wieder entzogen.

Die Konservierung von Obst durch Einwecken ist gleichfalls eine Teilentkeimung. Beim Erhitzen der Einweckgläser auf 80 °C für 20 Minuten werden die vegetativen Zellen und viele Pilzsporen, nicht aber Bakteriensporen abgetötet. Eine Entwicklung der Bakterien wird aber durch die Fruchtsäuren verhindert, die einen niedrigen pH-Wert in den Gläsern bewirken.

Klare Getränke können leicht durch eine Filtration mit bakteriendichten Filtern entkeimt werden.

Durch Trocknung von Nahrungs- und Futtermitteln (Stockfisch, Haferflocken, Trockenobst, Heu) wird der Wassergehalt so weit herabgesetzt (unter 10%), daß ein Wachstum von Bakterien und anderen Mikroorganismen nicht mehr möglich ist. Diese Produkte verderben aber leicht durch Befall mit Pilzen und Bakterien, wenn sie, feucht gelagert, wieder Wasser aufnehmen. Kochsalz (14–25%) oder Zuckerzusatz (ca. 50% Saccharose) führt auch zu einer Bindung von freiem Wasser und ist damit wachstumshemmend. Beim Pökeln werden dem Fleisch Kochsalz (15–20%) und zusätzlich Salpeter (Nitrat, 1–2%) sowie etwas Zucker zugesetzt. Einige Bakterien (z.B. *Paracoccus denitrificans*) reduzieren das Nitrat zu Nitrit (siehe Denitrifikation, Kapitel 4), das viele Bakterien hemmt und die rote Farbe des Fleisches erhält (Umwandlung von Myoglobin des Blutes in das beständige Nitrosomyoglobin). Beim Räuchern von Fleisch und Fisch wird der Wassergehalt vermindert; zusätzlich sind aber noch antimikrobielle Stoffe aus dem Rauch wirksam (Phenole, Kresole, Aldehyde, Essig- und Ameisensäure).

Eine Nahrungsmittelkonservierung durch ionisierende Strahlen ist auch möglich, wird aber noch wenig angewandt und ist in Deutschland (noch) nicht zugelassen.

Die Lagerung der Nahrungsmittel im Haushalt bei tiefen Temperaturen unter –20 °C ist das beste Verfahren, um die Konsistenz und den Geschmack gut zu erhalten. Das Wachstum von Mikroorganismen wird normalerweise von etwa –12 °C an völlig unterbunden; doch die Lebensfähigkeit der Mikroorganismen ist kaum vermindert, noch werden Toxine zerstört. Es ist daher sehr gefährlich, wenn aufgetaute Kühlkost wieder eingefroren wird, da sich bis zum erneuten Erreichen der tiefen Temperaturen pathogene Bakterien (bzw. Toxinbildner) stark vermehrt haben können. Die Kühlkette vom Einfrieren bis zum Verbrauch darf deshalb auf keinen Fall unterbrochen werden.

Da nur wenige Mikroorganismen bei niederen pH-Werten unter Luftabschluß wachsen und Bakteriensporen nicht bei einem pH-Wert unter 5,0 auskeimen, lassen sich durch natürliche Säuerung mit Milchsäurebakterien oder durch Zugabe von Essig-, Milch-, Wein- oder Zitronensäure Nahrungsmittel haltbar machen. Bei Luftzufuhr werden aber die Säuren abgebaut, z.B. durch Hefen und andere Pilze, so daß die Nahrungsmittel dann verderben können.

Die chemische Konservierung, die schon eingeschränkt wurde, ist in vielen Fällen nicht durch andere Sterilisationsmethoden zu ersetzen. Schweflige Säure ist für die Weinherstellung unbedingt notwendig. Fleisch- und Wurstsalate und die sogenannten Halbkonserven erhalten als Zusätze Sorbinsäure (2,4-Hexadiensäure), Benzoesäure oder Ameisensäure.

Antibiotika und andere antimikrobielle Agenzien

Bereits in den Anfängen der medizinischen Mikrobiologie versuchte man bestimmte Chemikalien anzuwenden, um Mikroorganismen abzutöten oder zumindest im Wachstum zu hemmen. Anfangs wurden Chlor, Hypochlorit, Phenol, Schwermetallsalze und Detergentien als antimikrobielle Substanzen eingesetzt. Mit diesen Desinfektionsmitteln können unbelebte Objekte chemisch sterilisiert werden; am Menschen lassen sich ebenfalls einige anwenden, allerdings nur stark verdünnt und äußerlich, da sie allgemein Proteine denaturieren und somit auch für den höheren Organismus giftig sind. Die ersten Erfolge in der Suche nach Substanzen, die spezifisch Bakterien schädigen und für den Wirt möglichst wenig oder gar nicht giftig sind, gelangen mit der Einführung von arsenhaltigen Mitteln (Salvarsan) von P. Ehrlich bei der Bekämpfung des Syphiliserregers (*Treponema pallidum*) und anderer Spirochaeten.

Die empirische Entdeckung der Sulfonamide durch G. Domagk brachte einen großen Fortschritt in der Chemotherapie. Nach dieser Entdeckung wurden Tausende ähnlich aufgebauter Produkte synthetisiert und getestet; aber nur wenige konnten verwertet werden, weil die meisten für Menschen zu giftig waren.

Der Durchbruch in der selektiven Bekämpfung der mikrobiellen Krankheitserreger gelang, als zufällig entdeckt wurde, daß Mikroorganismen Stoffe absondern, die andere Mikroorganismen hemmen (siehe auch Kapitel 7). Diese Verbindungen wurden Antibiotika genannt. Nach der früheren Definition von S. A. Waksmann sind es Stoffwechselprodukte von Mikroorganismen mit einem Molekulargewicht unter 2000 (keine Enzyme), die bereits in sehr geringer Konzentration das Wachstum von Bakterien und Pilzen hemmen oder sie abtöten, ohne die Antibiotikabildner selbst zu schädigen. Diese ursprüngliche Definition wurde in den letzten Jahren jedoch stark erweitert, so daß heute meist allgemein auch Verbindungen von höheren Organismen, die schon in geringen Konzentrationen Mikroorganismen schädigen, oder auch biologische Stoffe mit einer Hemmwirkung auf Tumoren oder Stoffwechselleistungen des Menschen als Antibiotika bezeichnet werden.

Der große Vorteil vieler Antibiotika liegt darin, daß sie auf lebensnotwendige biochemische Stoffwechselreaktionen und auf Strukturen einwirken, die spezifisch für Prokaryoten sind und bei Eukaryoten nicht vorkommen. Antibiotika hemmen (= bakteriostatisch) oder töten (= bakteriozid) Bakterien auf verschiedenen Wegen: Sie greifen in die Zellwandbildung ein, zerstören die Cytoplasmamembran, verhindern die Proteinsynthese oder stören den Nucleinsäurestoffwechsel.

4. Die Stoffwechselvielfalt bei Bakterien

Unter Stoffwechsel (Metabolismus) von Organismen versteht man die in den Zellen ablaufenden chemischen Reaktionen. Allgemein hat der Stoffwechsel der Zellen zwei Hauptfunktionen: Neue Zellbestandteile für Wachstum und Vermehrung aufzubauen (= *Anabolismus*) und Energie für diese Syntheseleistungen und andere energieabhängige Prozesse bereitzustellen (= *Katabolismus*). Die Stoffwechselenergie wird im Gärungsstoffwechsel, durch Atmungen oder durch Umwandlung von Lichtenergie gewonnen.

Im Baustoffwechsel, auch Anabolismus oder Biosynthese genannt, werden niedermolekulare und makromolekulare Bestandteile der Zelle synthetisiert. Die Mechanismen der Biosynthesen sind bei allen Organismen ähnlich. Für den Aufbau der Zellverbindungen, das Erhalten der komplexen Zellstrukturen (= Erhaltungsstoffwechsel), die Ausführung mechanischer Arbeit (z. B. zelluläre Bewegung), den aktiven Transport von Molekülen und Ionen sind Bakterien wie alle Organismen auf eine dauernde Energiezufuhr angewiesen.

Im Gegensatz zu ihrem sehr einfachen Zellaufbau findet man bei Bakterien vielfältige Ernährungsformen zum Gewinn von verwertbarer Energie. Bakterien können zwei unterschiedliche Energieformen aus der Umwelt nutzen, chemische Stoffe oder Licht. Im Unterschied zu den höheren Organismen gibt es jedoch eine Vielzahl von Wegen, in denen Stoffwechselenergie gewonnen werden kann.

Die meisten Bakterien verwerten – wie alle tierischen Organismen – organische Substrate, bei deren Abbau (Oxidation) für die Zelle nutzbare Energieformen entstehen, ein großer Teil der freiwerdenden Energie geht jedoch immer als Wärme verloren. Das organische Substrat, beispielsweise Zucker, kann bei einer Oxidation vollständig abgebaut (mineralisiert) werden; es entstehen dann nur die anorganischen Endprodukte Kohlendioxid (CO_2) und Wasser, aus denen sich keine verwertbare Energie mehr gewinnen läßt:

Zucker (z.B. Glucose) + Sauerstoff → Kohlendioxid + Wasser

$$(C_6H_{12}O_6 + 6\ O_2 \rightarrow 6\ CO_2 + 6\ H_2O)$$

Einen Energiestoffwechsel, in dem *organische* Substrate durch chemische Reaktionen ab- bzw. umgebaut werden, bezeichnet man als *chemoorganotroph*.

Ein relativ kleiner Teil der Bakterien, die aber für die Stoffkreisläufe in der Natur besonders wichtig sind, kann sogar anorganische Substrate (z.B. Ammonium, molekularen Wasserstoff oder reduzierte Schwefelverbindungen) oxidieren und dadurch die für Wachstum und Vermehrung notwendige Energie gewinnen. Dieser Energiestoffwechsel heißt *chemolithotroph* (griech.: lithos = Stein, s.u.).

Es gibt auch Bakterien, die wie Pflanzen Lichtenergie in nutzbare chemische Energie umwandeln (*phototropher* Energiestoffwechsel). Im Lichtstoffwechsel der (*oxygenen*) Cyanobakterien wird, ähnlich wie bei den grünen Pflanzen, zum Gewinn von „Reduktionskraft" (Nicotinamid-adenin-dinucleotid, NADH) für die Assimilation von Kohlendioxid und andere Reduktionen im Synthesestoffwechsel der Zellen, Wasser (H_2O) gespalten und dadurch Sauerstoff entwickelt. Die Gruppe der (*anoxigenen*) phototrophen Bakterien setzen dagegen in ihrer Photosynthese keinen Sauerstoff frei. Für viele Syntheseleistungen ist auch bei diesen Bakterien „Reduktionskraft" notwendig, die aber nicht aus Wasser, sondern durch eine Oxidation reduzierter Verbindungen, die einen höheren Energiegehalt besitzen, gebildet wird, z.B. H_2, H_2S, S^0, Succinat oder Malat. Die phototrophen Bakterien weisen daher einen *photolithotrophen* oder *photoorganotrophen* Stoffwechsel auf, je nachdem ob der Wasserstoff (bzw. Elektronen) für die Bildung der Reduktionskraft von anorganischen oder organischen Verbindungen stammt.

Der Stoffwechsel der Mikroorganismen wird auch durch die Kohlenstoffquelle charakterisiert. Stammt der Kohlenstoff zur Synthese der Zellsubstanzen nur aus Kohlendioxid (CO_2), sind die Zellen C-*autotroph*; werden organische Substrate für die Neusynthesen benötigt, sind sie C-*heterotroph*. Nach der

Art des Energiegewinns der Substrate für den katabolen Stoffwechsel oder für die „Reduktionskraft" sowie der Kohlenstoffquelle läßt sich die Ernährungsweise eindeutig benennen: Die meisten Bakterien sind wie *Escherichia coli* und alle Tiere *chemoorgano-heterotroph* (abgekürzt: *chemoheterotroph*), eine Reihe von physiologischen Bakteriengruppen, z. B. die Schwefeloxidierer und Nitrifizierer, sind meist *chemolithoautotroph* (= *chemoautotroph*), Cyanobakterien sind wie die grünen Pflanzen *photolitho-autotroph* (= *photoautotroph*) und viele phototrophe Bakterien *photoorgano-heterotroph* (= *photoheterotroph*).

Bevor wir die einzelnen für die Stoffkreisläufe wichtigen Stoffwechseltypen etwas genauer beschreiben, soll kurz auf einige Grundbegriffe des Energiegewinns eingegangen werden.

Chemotropher Energiegewinn

Formen des chemotrophen Energiegewinns

Im chemotrophen Energiestoffwechsel werden, wie bereits erwähnt, organische oder anorganische Substrate in Oxidations-Reduktions-Reaktionen (Redoxreaktionen) ab- bzw. umgebaut und dabei im Stoffwechsel verwertbare Energie gewonnen.

> $\mathbf{DH_2 + A = D + AH_2}$ + freie (verwertbare) Energie + Wärme
>
> Das reduzierte Substrat DH_2 [Wasserstoffdonator] wird zu D oxidiert, Verbindung A [Wasserstoffakzeptor] wird dabei zu AH_2 reduziert; die bei diesen Reaktionen freiwerdende Energie wird im Stoffwechsel verwertet und z. T. als Wärme frei. (Wenn ein Stoff oxidiert wird, muß ein anderer reduziert werden).

Überträger dieser biologisch verwertbaren Energie von den energieliefernden zu den energieverbrauchenden Reaktionen in chemotrophen und phototrophen Stoffwechselwegen ist meist Adenosintriphosphat (ATP). Es ist eine komplexe Verbindung, bei der durch eine Abspaltung von Phosphat (aus einer energiereichen Phosphatesterbindung) die freiwerdende Bindungsenergie beispielsweise für Synthesen der Zelle genutzt werden kann. ATP wird dabei zu Adenosindiphosphat und Phosphat gespalten (*ATP*→ ADP + PO_4^{3-} + verwertbare Energie).

Gärungen

Sind im Energiestoffwechsel die Substrate (= Elektronendonatoren, DH_2) und die bei der Oxidation des Substrats reduzierten Moleküle (= Elektronenakzeptoren, *A*) organische Verbindungen und ist kein Sauerstoff an der Umsetzung beteiligt, spricht man von *Gärungen* oder *Fermentationen*. Der Elektronenakzeptor ist normalerweise ein oxidiertes Zwischenprodukt des teilweise abgebauten Gärsubstrats, z. B.:

$$\text{Glucose} + 2\ \text{Pyruvat (aus dem Umbau von Glucose)} \rightarrow 2\ \text{Äthanol} + 2\ CO_2$$

Der bei der Dehydrogenierung (Oxidation) von Glucose freiwerdende Wasserstoff [H] (Protonen + Elektronen, $H^+ + e^-$) wird von einem universellen Wasserstoffüberträger, NAD (Nicotinamid-adenin-dinucleotid) übernommen und auf ein oxidiertes Zwischenprodukt der Gärung abgegeben.

Aufgrund der dabei entstehenden reduzierten organischen Hauptendprodukte unterscheidet man z. B.:

Alkoholische (Äthanol)-Gärung	Milchsäuregärung
Propionsäuregärung	Buttersäuregärung
Essigsäuregärung	Ameisensäuregärung
Methangärung	

Historisch werden alle Abbauprozesse unter Sauerstoffausschluß (anaerob) nach L. Pasteur (1857) als Fermentationen oder Gärungen bezeichnet. Stoffwechselvorgänge bei denen der Energiegewinn unter Sauerstoffbeteiligung abläuft, nennt man dagegen Atmung, genauer Sauerstoffatmung.

In der Biotechnologie hat die Bezeichnung „Fermentation“

mehrfache Bedeutung: Es werden darunter nicht nur Gärungen verstanden, sondern alle Herstellungsprozesse, die durch Mikroorganismen, Teile von Mikroorganismenzellen oder Enzymreaktionen ablaufen, unabhängig davon, ob Sauerstoff dafür benötigt wird oder ob er nicht beteiligt ist.

Atmungen

Im Atmungsstoffwechsel dienen – im Gegensatz zu den Gärungen – anorganische Verbindungen oder *extrazellulär* vorliegende organische Verbindungen zur Oxidation (als Elektronenakzeptoren). Der zelluläre Energieüberträger ATP wird dabei nicht wie im Gärungsstoffwechsel direkt an organischen Zwischenverbindungen gewonnen, sondern erst nach der Ausbildung eines Energiegradienten (Protonengradienten) über die Cytoplasmamembran (Abb. 8). ATP entsteht erst anschließend bei einem Ausgleich des Gradienten über ein Membranenzym (ATP-Synthase). Der Gewinn an freier Energie im Atmungsstoffwechsel beim Abbau organischer oder anorganischer Substrate erfolgt demnach völlig anders als im Gärungsstoffwechsel.

Der besondere, in Membranen lokalisiert „energieliefernde Apparat" wird als Atmungskette oder Elektronentransportkette der Atmung (= ETK = Elektronentransportsystem) bezeichnet. Ein Energiegewinn, in dem sich primär ein Energiegradient über Membranen ausbildet, wird *Elektronentransportphosphorylierung* oder *auch oxidative Phosphorylierung* genannt.

Die protonentreibende Kraft der energiereichen (energetisierten) Membran ist nicht nur für die ATP-Bildung, sondern auch für eine Reihe weiterer energieabhängiger Prozesse in den Zellen verantwortlich, z. B. Geißelbewegung und bestimmte Transportvorgänge in die Zelle.

In speziellen Stoffwechselwegen, unter anaeroben Bedingungen (d. h. unter Luftabschluß), können auch anstelle von O_2 eine andere oxidierte anorganische Verbindung (z. B. Nitrat, Sulfat, Schwefel, Carbonat) oder Fumarat, in speziel-

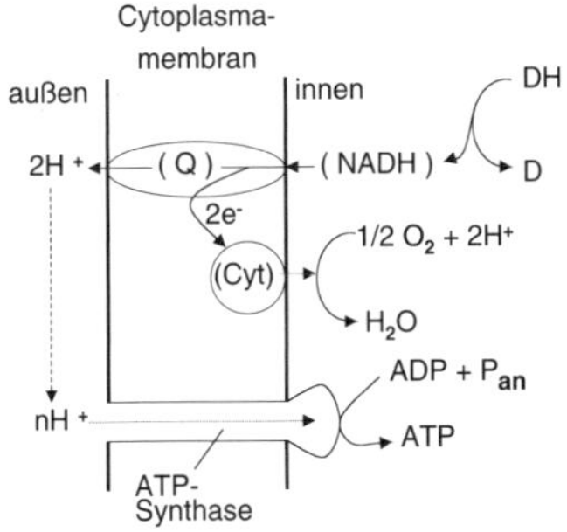

Abb. 8: In der Atmungskette entsteht ein Protonengradient über die Zellmembran, durch den nutzbare Energie (ATP) erzeugt wird. Bei der Oxidation von Substraten wird der abgespaltene Wasserstoff (H^+ + e^-) über (NADH) und einen Wasserstoffüberträger in der Membran (Q) auf die andere Seite der Membran transportiert. Dem Wasserstoffüberträger schließt sich ein Überträger (Cyt) an, der nur Elektronen aufnehmen kann; dadurch werden Protonen nach außen abgegeben, und es erfolgt jetzt nur noch ein Elektronentransport zur Innenseite. Als Folge bildet sich über der Membran ein Protonen-(pH)-Gradient aus. Die Elektronen auf der Innenseite können beispielsweise auf Sauerstoff übertragen werden, so daß Wasser entsteht. An bestimmten Stellen der Membran, dem Enzymkomplex ATP-Synthase, können die Protonen von außen mit den OH^--Ionen von innen zusammentreten. Beim Ausgleich des Gradienten wird Energie frei, die mit der Bildung von ATP gekoppelt ist. Abkürzungen: Cyt = Cytochrome; DH = reduziertes Substrat (H-Donor), D = oxidiertes Substrat), Q = H-Überträger; NADH = Nicotinamid-adenin-dinucleotid. In einer vollständigen Atmungskette findet in alternierender Folge dreimal ein Wasserstoff [H]- und Elektronen(e^-)transport statt, da in ihr abwechselnd Wasserstoff- und Elektronenüberträger angeordnet sind. Auf diese Weise werden in jeder „Schleife" dreimal zwei Protonen nach außen abgegeben. Erst im letzten Schritt werden die Elektronen auf Sauerstoff übertragen.

len Fällen auch Trimethylaminoxid (TMAO), Dimethylsulfoxid (DSMO) sowie andere anorganische und organische Verbindungen die Elektronen bei der Oxidation des Substrats aufnehmen. Man spricht dann von einer *anaeroben Atmung*, da die energieliefernden Reaktionen denen des aeroben Atmungsstoffwechsels entsprechen.

Nach der Art des Elektronenakzeptors (nicht des reduzierten Endprodukts) unterscheidet man beispielsweise:

Sauerstoff-,	Nitrat-,	Sulfat-, Eisenatmung
Schwefel-,	Fumarat-,	Carbonatatmung
Mangan-,	Selenat-,	Arsenatatmung

Organische Substrate als Energiequelle

Wichtige Gärwege

Im Gärungsstoffwechsel werden hauptsächlich Kohlenhydrate als Energiequellen genutzt. Glucose ist eines der wichtigsten Substrate, da viele Zellwandkomponenten- und Speicherstoffe der Pflanzen aus Polyglucose bestehen. Der am weitesten verbreitete Weg des Zuckerabbaus ist die Glykolyse (= Fructose-1,6-diphosphat-Weg = Embden-Meyerhof-Parnas-Weg = EMP). In diesem Abbauweg werden Zucker, z. B. Glucose, in mehreren Schritten, die teilweise unter Energieverbrauch ablaufen, bis zum Pyruvat umgesetzt. Wahrscheinlich ist er ein ursprünglicher Stoffwechselweg, da er bei allen Organismengruppen zu finden ist. Zucker können noch auf anderen Wegen abgebaut werden; Pyruvat ist aber meist eines der wichtigsten Zwischenprodukte der verschiedenen Gärungswege, da es von seinem „Schicksal", seiner weiteren enzymatischen Umwandlung, abhängt, welche der zahlreichen Endprodukte der Gärung auftreten (Abb. 9). Pyruvat kann beispielsweise in der Milchsäuregärung direkt zu Milchsäure (Lactat) reduziert werden, oder es wird erst CO_2 abgespalten, und dann erfolgt eine Reduktion, so daß Äthanol entsteht.

Alkoholgärung

Unter anaeroben Bedingungen wird Äthanol (Äthylalkohol, Alkohol, Ethanol) von vielen Mikroorganismen als Endprodukt der Zuckervergärung gebildet. Die herausragende Stellung des Hefepilzes *Saccharomyces cerevisiae* bei der Herstellung von alkoholischen Getränken (Wein, Bier) ist noch ungebrochen.

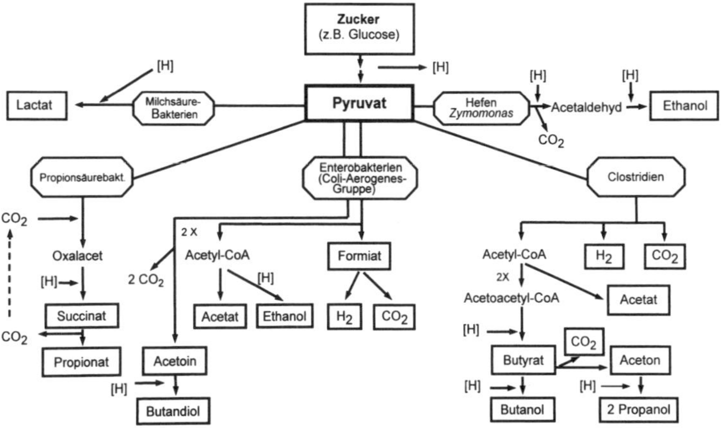

Abb. 9: Wichtige Endprodukte in verschiedenen bakteriellen Gärungen, die beim Umbau von Pyruvat, dem wichtigsten Zwischenprodukt bei der Zuckerverwertung, auftreten können. Man beachte: Als Endprodukte sind bei Säuren ihre Salze angegeben, wie sie normalerweise im (neutralen) Medium vorliegen. Der Gärtyp wird aber nach der Säure benannt, z. B. Milchsäuregärung, wenn Lactat als Hauptendprodukt auftritt. Säure/Salze: Propionsäure/Propionat, Essigsäure/Acetat, Buttersäure/Butyrat, Ameisensäure/Formiat, Milchsäure/Lactat.

$$\text{Glucose} \rightarrow 2\ \text{Äthanol} + 2\ \text{Kohlendioxid}$$
$$(C_6H_{12}O_6 \rightarrow 2\ CH_3COH + 2CO_2)$$

Für die biologische Herstellung von reinem Äthanol als Brennstoff oder für medizinische Zwecke wird in Zukunft wahrscheinlich ein Bakterium, *Zymomonas mobilis (= Pseudomonas lindneri),* die Hefen ablösen. Dieses Bakterium findet man in der Natur in fermentiertem Pflanzenmaterial; es ist auch für die Äthanolbildung in südlichen, wärmeren Gegenden wichtig. Bei der Herstellung von Pulque, dem mexikanischen Nationalgetränk aus Agavensaft, und in Getränken aus Palmensaft in Afrika ist *Zymomonas* für den Äthanolanteil mit verantwortlich. In Europa wird dieser Keim weniger geschätzt, da er normalerweise nur als Verunreiniger vorkommt. So wird Apfelmost im Geschmack verändert und getrübt.

Äthanol kann auch als Nebenprodukt im Gärungsstoffwechsel anderer Bakteriengruppen entstehen, z. B. bei einigen Clostridien, Enterobakterien und Milchsäurebakterien.

Milchsäuregärung durch Milchsäurebakterien

Die Milchsäurebakterien sind wie die Hefepilze vom Menschen bereits seit Jahrtausenden – unbewußt – zur Nahrungsmittelherstellung und Konservierung genutzt worden. Es sind obligate Gärer, die in ihrem Kohlenhydratstoffwechsel als Hauptfermentationsprodukt Milchsäure (Salz der Milchsäure = Lactat) ausscheiden. Sie sind morphologisch uneinheitlich. Es gibt Lang- und Kurzstäbchen sowie Kokkenformen. Alle lassen sich grampositiv anfärben, bilden keine Sporen (bis auf *Sporolactobacillus inulinus)* und sind normalerweise unbeweglich. Die meisten Milchsäurebakterien wachsen wohl unter aeroben Bedingungen (mikroaerophil), sie vermögen aber kein Atmungs-ATP zu gewinnen, obwohl eine schwache Oxidation von organischen Substanzen stattfinden kann.

Die Milchsäurebakterien sind in ihren Syntheseleistungen stark begrenzt, so daß sie komplexe Wuchsstoffgaben benötigen. Den meisten Stämmen müssen eine Reihe von Vitaminen (Lactoflavin, Thiamin, Pantothensäure, Nicotinsäure, Folsäure, Biotin) und sogar Aminosäuren angeboten werden. Verschiedene spezifische Stämme kann man daher zur empfindlichen quantitativen Bestimmung von Vitaminen einsetzen. Durch die hohen Nährstoffansprüche und den spezialisierten reinen Gärungsstoffwechsel sind Milchsäurebakterien auf wenige natürliche Standorte beschränkt und kaum im Erdboden oder im Wasser zu finden. Geeignete Habitate sind: Pflanzen, besonders sich zersetzendes Material, Nahrungsmittel oder Getränke, die aus Pflanzenstoffen gewonnen werden (Sauerkraut, Silage, einige spezielle Biersorten, Weine mit Nachgärung zur Säureverminderung), Milch und Milchprodukte (Butter, Käse, Buttermilch, Joghurt), Darm und Schleimhäute von Tier und Mensch.

Der Abbau von Zuckern kann bei den Milchsäurebakterien auf zwei unterschiedlichen Wegen erfolgen. Die *homofermentativen* Arten bilden als Endprodukt nur oder fast nur Lactat. Die *heterofermentativen* Arten scheiden neben Lactat (ca. 50%) noch andere organische Gärprodukte und CO_2 aus. In der homofermentativen Milchsäuregärung wird Glucose in der Glykolyse abgebaut, und Lactat entsteht durch Reduktion von Pyruvat durch NADH:

Glucose → 2 Lactat (z.B. *Lactococcus lactis*).

In der heterofermentativen Milchsäuregärung wird Glucose in einem modifizierten Glucoseabbauweg (= oxidativer Pentosephosphat-Weg) umgesetzt. Neben Lactat entsteht Äthanol oder Acetat, und es entwickelt sich zusätzlich CO_2. Dieses Gas entsteht in Milchprodukten auch aus dem Abbau von Citrat. Das in heterofermentativer Vergärung von Zuckern und Citrat freigesetzte CO_2 kann *kleine* Löcher in einigen Käsesorten verursachen.

Bemerkenswert ist auch die Säuretoleranz der Milchsäurebakterien, die sich aus ihrem Fermentationsstoffwechsel erklären läßt. Alle Arten zeigen bei pH 5,0 noch ein gutes Wachstum, viele tolerieren noch tiefere pH-Werte (bis ca. 3,5).

Der pH-Wert fällt durch die fermentative Säurebildung unter 5,0, so daß das Wachstum anderer Bakterien (besonders von Fäulniserregern) unterdrückt wird. Diese konservierende Wirkung durch eine natürliche Ansäuerung des Mediums wird in der Landwirtschaft (z.B. in der Silageherstellung), im Haushalt, in Molkereien und der milchverarbeitenden Industrie ausgenutzt (siehe Kapitel 7).

Propionsäuregärung durch Propionsäurebakterien

Propionsäurebakterien sind für die meisten Menschen eine kaum bekannte Bakteriengruppe; doch jeder trägt sie auf der Haut. In hoher Konzentration leben sie im Pansen und im Darm von Wiederkäuern (Kuh, Schaf), wo sie wichtige Fettsäuren ausscheiden. Sie vergären die von anderen Pansenorganismen gebildete Milchsäure (Lactat) zu Propionsäure (Propionat):

$$3 \text{ Milchsäure} \rightarrow 2 \text{ Propionsäure} + \text{Essigsäure} + \text{Kohlendioxid} + \text{Wasser}$$

Propionsäurebakterien sind an der Reifung von einigen Hartkäsen beteiligt. So werden bei der Herstellung von Emmentaler-Käse Propionsäurebakterien (z. B. *Propionibacterium freudenreichii*) zur Geschmacks- und Aromabildung (Propionsäure und Prolin) sowie zu einer ausgeprägten Lochbildung (durch die CO_2-Entwicklung) zugesetzt. In die Käsemilch gelangen sie durch das Labferment (wäßriger Extrakt aus Kälbermagen) oder (heute vorwiegend) durch Beimpfen mit gezüchteten Reinkulturen (Starterkulturen).

Propionsäurebakterien der Haut („kutane Propionsäurebakterien“) besiedeln die Haut (in der Nähe von Talgdrüsen und feuchte Stellen) im Mundbereich und im Genitalbereich der Frau. Sie sind für Hautrötungen und Entzündungen verantwortlich. Die Rolle von *Propionibacterium acnes* (*P. acne*) und *P. granulosum* bei Akne ist noch unklar. Wahrscheinlich werden durch ihren Talgabbau Säuren gebildet, die zu Entzündungsreaktionen führen. Die typischen Akne-Haarfollikelentzündungen entstehen möglicherweise jedoch nur in Mischinfektion mit *Staphylococcus*-Arten (z. B. *S. epidermidis*).

Buttersäure-Butanol-Aceton-Gärung

Der unangenehme, stinkende Geruch von faulenden Stoffen unter sauerstofffreien Bedingungen im Faulschlamm oder im Faulbehälter von Kläranlagen ist hauptsächlich auf den Stoffwechsel von Clostridien zurückzuführen. Diese Bakterien sind sporenbildend, grampositiv, mit peritricher Begeißelung, streng anaerob (bis auf wenige Ausnahmen) und haben einen fermentativen Stoffwechsel. Einige Clostridien, wie das berühmte *Clostridium pasteurianum*, können molekularen Stickstoff binden. Nach ihrer Substratverwertung lassen sich Clostridien in zwei Hauptgruppen einteilen: die *saccharolytischen* Arten, die hauptsächlich Kohlenhydrate abbauen, und die *peptolytischen* Arten, die Eiweiß, Peptone und Aminosäuren verwerten. Typische Produkte der Vergärung von Kohlenhydraten durch Clostridien sind Buttersäure, Butanol, Isopropanol und Aceton.

Eine große Anzahl von Clostridien zeigt auch ein gutes Wachstum im Medium mit Pepton oder Hefeextrakt. Diese peptolytischen Formen sind hauptsächlich für die Fäulnisvorgänge stickstoffhaltiger Substrate in der Natur verantwortlich. Es bilden sich Ammonium, Kohlendioxid, Fettsäuren und eine Reihe flüchtiger Substanzen, die einen sehr unangenehmen Geruch besitzen. Außer den schon beim Abbau von Kohlenhydraten bekannten Gärprodukten, Buttersäure und Isobuttersäure, findet man Isovaleriansäure, Schwefelwasserstoff, Methylmercaptan (von schwefelhaltigen Aminosäuren) sowie die sogenannten Leichengifte Cadaverin (von Lysin) und Putrescin (von Ornithin) als Quellen typischer, stark stinkender Gerüche, die auf die Tätigkeit von Clostridien hinweisen. Als Beispiel ist die Umwandlung von Lysin zu Cadaverin durch eine Decarboxilierung dargestellt:

$$NH_2-[CH_2]_4-CHNH_2-COOH \rightarrow NH_2-[CH_2]_4-CH_2NH_2+CO_2$$

Einige Clostridien sind gefährliche Krankheitserreger des Menschen: *Clostridium botulinum* (Botulismus), *C. tetani* (Tetanus, Wundstarrkrampf) und *C. perfringens* (Gasbrand) geben hochwirksame Toxine ab, die zu schweren Schädigungen und zum Tode führen können. Clostridien spielen auch im Stoffkreislauf der Natur eine wichtige Rolle, da einige Stickstoff fixieren und viele Arten schwer abbaubare polymere Naturstoffe, wie Cellulose, unter anaeroben Bedingungen zersetzen.

Atmungsstoffwechsel

Sauerstoffatmung

Während im Gärungsstoffwechsel reduzierte organische Verbindungen als Endprodukte des Energiestoffwechsels auftreten, werden im Atmungsstoffwechsel die organischen Substrate meist vollständig zu Wasser und Kohlendioxid abgebaut (mineralisiert). Unter aeroben Bedingungen wird Wasserstoff [H], der aus der Oxidation (Dehydrogenierung) der Substrate anfällt, auf die Atmungskette und dann auf molekularen Sauerstoff (O_2) übertragen, so daß Wasser entsteht:

$$2[H] + 1/2\ O_2 \rightarrow H_2O$$

Bei dieser biochemischen „Knallgasreaktion“ treten aber die Komponenten Wasserstoff [H] und Sauerstoff nicht direkt zusammen. Der Wasserstoff wird vielmehr stufenweise über Redoxkomponenten (Redoxüberträger) der Atmungskette auf Sauerstoff weitergegeben, der dabei zu Wasser reduziert wird. Dadurch wird erreicht, daß die freiwerdende Energie nicht nur wie bei einer normalen, chemischen Knallgasreaktion explosionsartig als Wärme abgegeben, sondern auch in energiereichen Zellverbindungen konserviert wird. Der Energiegewinn beim vollständigen Abbau von einem Mol Glucose beträgt 36 Mole ATP; das ist etwa 18mal so viel wie in der Milchsäuregärung.

Anaerobe Atmung mit oxidierten Stickstoff- oder Schwefelverbindungen als Wasserstoffakzeptoren

Einige Bakteriengruppen haben Mechanismen ausgebildet, die dazu führen, daß auch unter Luftabschluß eine vollständige oder verkürzte Atmungskette funktionsfähig ist. Dienen Nitrat oder Sulfat anstelle von Sauerstoff zur Oxidation (als Elektronenakzeptoren), kann auch ohne molekularen Sauerstoff das Substrat in vielen Fällen weitgehend oxidiert werden (Abb. 11). Die ATP-Ausbeute ist bei diesen Atmungsvorgängen niedriger als bei der O_2-Atmung, aber meist deutlich höher als bei einer reinen Gärung; außerdem können von den meisten anaeroben Atmern auch Gärendprodukte anderer Bakterien als Substrat verwertet werden. Nitrat kann dabei bis zum molekularen Stickstoff oder zum Ammoniak, Sulfat bis zum Schwefelwasserstoff reduziert werden. Diese Art des Energiegewinns wird als *Nitrat-* bzw. *Sulfatatmung* (oder *dissimilatorische Nitrat-* bzw. *dissimilatorische Sulfatreduktion*) bezeichnet.

Die Nitratatmung findet man bei einer Reihe sonst aerober Bakterien, die Sulfatatmung bei einigen obligat anaeroben Bakterien. Beide Bakteriengruppen spielen im Naturhaushalt eine bedeutende Rolle. Neben Nitrat und Sulfat können eine Reihe weiterer Verbindungen als anaerobe Elektronenakzeptoren dienen (siehe Seite 46).

Nitratatmung und Freisetzung von Luftstickstoff
Viele normalerweise aerobe Bakterien nutzen unter sauerstofffreien Bedingungen Nitrat zur Oxidation von organischen Stoffen, oft auch von molekularem Wasserstoff (H_2). Nitrat wird dabei meist bis zum molekularen Stickstoff (N_2) reduziert (= *Denitrifikation*):

Substratwasserstoff + Nitrat → molekularer Stickstoff + Wasser

$$(10\,[H] + 2\,H^+ + 2\,NO_3^- \rightarrow N_2 + 6\,H_2O)$$

Die Denitrifikation verläuft über eine Reihe von reduzierten Zwischenprodukten. Im ersten Reduktionsschritt entsteht Nitrit; es folgen gasförmige Stickstoffverbindungen (NO, N_2O) und als Endprodukt molekularer Luftstickstoff (N_2). Distickstoffoxid (Lachgas = N_2O), das indirekt zur Zerstörung der Ozonschicht beiträgt, kann ebenfalls freigesetzt werden. Einige Bakterienstämme können Nitrat nur bis zum Nitrit reduzieren, so daß in diesen Fällen als Endprodukt Nitrit ausgeschieden wird.

Von einigen Bacillen, einigen Stämmen von *Enterobacter* und *Escherichia coli,* wird Nitrat in einem anderen Weg der anaeroben Atmung zu Ammonium reduziert *(= Nitratammonifikation)*:

Substratwasserstoff + Nitrat → Ammonium + Wasser

Im Boden kann die Denitrifikation zu einem starken Verlust an Stickstoff führen. An anaeroben Standorten, schon bei stagnierender Nässe im Boden, bildet sich viel molekularer Stickstoff, wenn gleichzeitig organischer Dünger und Nitrat vorliegen. Der Stickstoff entweicht dann in die Atmosphäre. Andererseits wird Nitrat auch leicht ausgewaschen und verunreinigt in vielen Gegenden mit intensiver Landwirtschaft (z.B. im Maisanbau) das Grundwasser. Ein hoher Gehalt an Nitrat und organischen Stoffen kann unter bestimmten Bedingungen auch dazu führen, daß sich im Boden das schädliche Nitrit anhäuft, z.B. in nitratgedüngten Reisfeldern.

Nitrosamine. Nitrit bildet mit Aminen leicht Nitrosamine, die leberschädigend und krebsauslösend sein können. In der Konservierung wird in einigen Fällen (unzulässigerweise) noch Nitrit zum Erhalt der Farbe von Fleischwaren (Fleisch, Wurst) verwendet. Es kann auch durch eine Denitrifikation in (nitratgedüngtem) Gemüse auftreten, wenn dieses so aufbewahrt wird, daß der Luftzutritt begrenzt ist (z.B. in Plastiktüten). Aber auch bei einer Behandlung von Fleischprodukten mit Pökelsalz, das Nitrat enthält, oder nach Zugabe von Nitrat zur Rohwurst für eine Intensivierung der Rotfärbung (Bildung von NO-Myoglobin) kann sich Nitrit durch den Stoffwechsel denitrifizierender Bakterien anhäufen. Gewöhnlich sind jedoch die gebildeten Mengen an Nitrosamin wahrscheinlich zu gering, um krebsauslösend zu wirken.

Sulfatatmung (Desulfurikation) und Schwefelatmung

Sulfat und Schwefel werden von einer kleinen Gruppe obligat anaerober Bakterien bei der Oxidation von organischen Stoffen oder molekularem Wasserstoff (H_2) als terminaler Wasserstoffakzeptor verwertet:

Substratwasserstoff + Sulfat → Schwefelwasserstoff + Wasser

$$(8\ [H] + SO_4^{2-} \rightarrow H_2S + 2\ H_2O + 2\ OH^-)$$

Schwefel (S^0) ist Zwischenprodukt bei der Sulfatreduktion, kann aber auch bei den Schwefelatmern direkt zur Oxidation des Substrats dienen.

Die *Sulfatreduzierer* sind im Unterschied zu den Nitratreduzierern *obligat anaerobe* Bakterien und leben daher nur unter sauerstofffreien Bedingungen. Als Substrat werden hauptsächlich organische Säuren (Milch-, Äpfelsäure), Alkohole und molekularer Wasserstoff genutzt. Die organischen Substrate werden nicht von allen Arten bis zum Kohlendioxid und Wasser endoxidiert; oft tritt Essigsäure (Acetat) als Endprodukt auf (anaerobe Essigsäurebildung).

In den letzten Jahren konnten aber eine Reihe von Schwefel- und Sulfatreduzierern isoliert werden, die auch Essigsäure vollständig zu CO_2 oxidieren und dabei Sulfid bilden.

Die dissimilatorische Schwefelatmung scheint einen ursprünglichen Stoffwechseltyp darzustellen, da auch bei den Archaebakterien viele Arten gefunden werden, die organische Substrate und H_2 in diesem anaeroben Atmungsweg oxidieren (siehe Kapitel 5).

In der Natur finden wir Sulfatreduzierer in großer Anzahl in anaeroben Biotopen, in denen organische Substanzen nur unvollständig zersetzt werden und Sulfat vorhanden ist. Die schwarze Färbung des anaeroben Schlammes am Grunde von Gewässern entsteht durch eine Ausfällung von Eisensulfid (FeS) oder anderen Schwermetallsulfiden. Auch die schwarze Farbe des Schwarzen Meeres und der hohe Schwefelwasserstoffgehalt in der Tiefe (unterhalb 200 m) werden wahrscheinlich durch spirillen- oder vibrioförmige *Desulfovibrio*-Arten verursacht. *Desulfotomaculum ruminis* (ein Sporenbildner) ist an der H_2S-Bildung im Pansen von Wiederkäuern beteiligt. In verunreinigten Gewässern sind im Milliliter 10^4–10^6, in Faulschlamm 10^7 Sulfatreduzierer enthalten. An der Luft kann Schwefelwasserstoff spontan zu elementarem Schwefel und Wasser oxidiert werden. Von besonderer ökologischer Bedeutung sind schwefelverwertende Archaebakterien in der Tiefsee (siehe Kapitel 5).

Die meisten Schwefelablagerungen an der Golfküste von Texas und Louisiana sind biologischen Ursprungs und unter Beteiligung von sulfatreduzierenden Bakterien entstanden. Dies kann mit Hilfe von Isotopenmessungen des Schwefels festgestellt werden, da biologisch entstandener Schwefel etwas leichter ist als der Schwefel, der aus chemischen Reaktionen hervorgeht. Auf Sizilien, wo der Schwefel vulkanisch gebildet wurde, findet man keine Anreicherung des leichten Isotops.

Anorganische Substrate als Energiequelle

Die Oxidation von anorganischen Verbindungen zum Energiegewinn ist auf einige spezialisierte Bakteriengruppen beschränkt; aber alle sind im Stoffkreislauf der Natur von sehr großer Bedeutung. Die anorganischen Substrate werden entweder von anderen Organismen gebildet (z. B. beim Abbau von Proteinen) oder sind geochemischen Ursprungs. Verwertbare Verbindungen sind molekularer Wasserstoff (H_2), Ammonium (NH_4^+), Nitrit (NO_2^-), zweiwertiges Eisen (Fe^{2+}), Kohlenmonoxid (CO) und reduzierte Schwefelverbindungen (H_2S, S^0, $S_2O_3^{2-}$). Die Stoffwechselenergie (ATP) wird meist unter aeroben Bedingungen im *Atmungsstoffwechsel* gewonnen. Einige Formen können auch bei Fehlen von Sauerstoff die Elektronen auf Nitrat übertragen.

Dieser spezialisierte Energiestoffwechsel mit anorganischen H-Donatoren wird – wie bereits erwähnt – als *Chemolithotrophie* (griech.: lithos = Stein) bezeichnet. Erste Hinweise auf die Fähigkeit von Bakterien, anorganische Verbindungen als Substrat für ein Wachstum zu nutzen, fand S. Winogradsky (1887/1888) beim Studium des S-Stoffwechsels des fädigen Schwefeloxidierers *Beggiatoa.* Der eindeutige Nachweis dieses neuen chemotrophen Energiegewinns ohne organische Substrate gelang ihm in den folgenden Jahren bei seinen Untersuchungen des Stoffwechsels der Nitrifizierer. Dieser Energiestoffwechsel wurde damals „Anorgoxidation“ genannt.

Da den meisten chemolithotrophen Bakterien CO_2 als Kohlenstoffquelle dient, das sie wie die grünen Pflanzen *autotroph* assimilieren, wird dieser Stoffwechseltyp *chemolithoautotroph* oder verkürzt *chemoautotroph* (früher ungenau *Chemosynthese*) genannt.

Nitrifikation

Die chemolithotrophen nitrifizierenden Bakterien (Nitrifizierer) oxidieren Ammonium (bzw. Ammoniak) über Nitrit bis zum Nitrat und gehören damit zu den wichtigsten Organismen im Stickstoffkreislauf der Natur. Sie kommen überall im

Boden und im Wasser vor, wo NH_4^+ (bzw. NO_2^-) zur Verfügung steht, O_2 vorhanden ist und neutrale bis alkalische pH-Werte vorherrschen.

An der Oxidation von NH_4^+ zu NO_3^- sind zwei physiologische Bakteriengruppen beteiligt. Die Ammoniumoxidierer (z. B. *Nitrosomonas*-Arten) wandeln Ammonium (bzw. Ammoniak) in Nitrit um, und die Nitritoxidierer (z. B. *Nitrobacter*-Arten) oxidieren Nitrit weiter zum Nitrat.

Nitrosomonas: Ammonium + Sauerstoff → Hydroxylamin
$(NH_4^+ + 1/2\ O_2 \rightarrow NH_2OH + H^+)$

Hydroxylamin + Sauerstoff → Nitrit + freie Energie
$(NH_2OH + O_2 \rightarrow NO_2^- + H_2O + H^+)$

Nitrobacter: Nitrit + Sauerstoff → Nitrat + freie Energie
$(NO_2\text{-} + 1/2\ O_2 \rightarrow NO_3^-)$

Die Oxidation von Ammonium zu Nitrit durch die *Ammoniumoxidierer* erfolgt in 2 Stufen: Ammonium wird erst zu Hydroxylamin (NH_2OH) umgesetzt. Erst in der zweiten Reaktionsfolge, bei der Oxidation von Hydroxylamin zu Nitrit, wird wenig Energie frei, dementsprechend ist der ATP-Gewinn der Zellen sehr viel geringer als bei der Oxidation von organischen Substraten im Atmungsstoffwechsel. Bei der Oxidation von Nitrit zu Nitrat durch die *Nitritoxidierer* wird gleichfalls nur wenig Stoffwechselenergie gewonnen. Die meisten nitrifizierenden Bakterien sind *obligat chemolithoautotroph (obligat autotroph)* und können normalerweise keine organischen Substrate als Energiequelle verwerten.

In Städten sind Nitrifizierer mit an der Zerstörung von Bauten (Denkmälern) aus Kalk, Sandstein oder Zement (Beton) beteiligt, da sie Ammoniak aus der Luft oder von tierischen Exkrementen (Taubendreck) zu Salpetersäure (HNO_3) bzw. ihrem Salz (NO_3^- = Salpeter = Nitrat) oxidieren.

Die Umwandlung von Ammoniak (NH_3) zu Salpeter ist schon seit dem Mittelalter ausgenutzt worden. Das bei der Kompostierung von Stallmist an den steinernen Dunggruben auskristallisierende Salz („sal petrae“) diente zur Herstellung von Schießpulver. Kommerziell wurde Nitrat von den Salpetersiedern in den Salpeterhütten aus Erde, Kalkstein und organischen, stickstoffhaltigen Abfällen gewonnen, die mit Urin und Blut feuchtgehalten und gut durchlüftet wurden.

Schwefeloxidation

Reduzierte Schwefelverbindungen können von sehr unterschiedlichen gramnegativen Bakteriengruppen und Archaebakterien zum Energiegewinn an einer verkürzten Atmungskette oxidiert werden. Der Name Schwefeloxidierer bezeichnet nicht nur, daß Schwefel (S^0), sondern auch andere Schwefelverbindungen, die reduzierter als Sulfat (SO_4^{3-}) sind, verwertet werden.

Von Thiobacillen, einzelligen Kurzstäbchen, werden verschiedene Schwefelverbindungen zu Sulfat oxidiert:

$$\text{Sulfid: } S^{2-} + 2\ O_2 \rightarrow SO^{2-} + \text{freie Energie}$$
$$\text{Schwefel: } S^0 + H_2O + 3/2\ O_2 \rightarrow SO_4^{2-} + 2\ H^+ + \text{freie Energie}$$
$$\text{Sulfit: } SO_3^{2-} + 2\ O_2 \rightarrow SO_4^{2-} + \text{freie Energie}$$
$$\text{Thiosulfat: } S_2O_3^{2-} + H_2O + 2\ O_2 \rightarrow 2\ SO_4^{2-} + 2\ H^+ + \text{freie Energie}$$

Thiobacillus denitrificans kann Schwefelverbindungen auch unter Luftabschluß mit NO_3^- als Elektronenakzeptor oxidieren.

Auffällig und für Bakterien selten ist die sehr hohe *Säuretoleranz* vieler Schwefeloxidierer. Einige Formen haben sich ihrer Säureproduktion angepaßt und wachsen noch deutlich bei einem pH-Wert von 1,0 und etwas tiefer. Die hohe Eigenproduktion an Schwefelsäure kann in schwefelhaltigen Grubenwässern (beispielsweise in Eisenbergwerken) hohe Korrosionsschäden hervorrufen. *Thiobacillus thiooxidans* toleriert 1 N-Schwefelsäure. *Sulfolobus* wächst in sauren, heißen Schwefelquellen bei sehr tiefen pH-Werten (pH 2–3).

In sauren Bergwässern findet sich neben *Thiobacillus thiooxidans* auch der säure- und kupferresistente *Thiobacillus ferrooxidans,* der außer Schwefelverbindungen auch Eisen^{II}-Verbindungen als Energie-Substrat (Elektronendonor) verwerten kann:

Eisen (zweiwertig) + Sauerstoff → Eisen (dreiwertig)
+ Wasser + freie Energie

$$(4\,Fe^{2+} + 4\,H^{+} + O_2 \rightarrow 4\,Fe^{3+} + 2\,H_2O)$$

Die Fähigkeit von Thiobacillen, Sulfide zu Schwefelsäure und Eisen^{II} zu Eisen^{III} zu oxidieren, wird in der Biotechnologie zum Herauslösen von Metallen, besonders Kupfer, aus Erzen genutzt.

Aerobe Oxidation von molekularem Wasserstoff

Die aeroben wasserstoffoxidierenden Bakterien („Knallgasbakterien") sind, bis auf eine Ausnahme, alle fakultativ chemolithotroph. Sie können mit H_2, O_2 und CO_2 chemolithoautotroph wachsen, aber genausogut eine Reihe organischer Substrate (z.B. Fructose) als Kohlenstoff- und Energiequelle nutzen. In einer einfachen mineralischen Nährlösung mit H_2 (70%), O_2 (20%) und CO_2 (10%) in der Gasphase laufen in den Bakterien etwa folgende Umsetzungen ab:

Molekularer Wasserstoff + Sauerstoff + Kohlendioxid
→ Zellsubstanz + Wasser

$$(6\,H_2 + 2\,O_2 + CO_2 \rightarrow \langle CH_2O \rangle + 5\,H_2O)$$

Diese „Knallgasbakterien" werden taxonomisch sehr unterschiedlichen Bakteriengruppen zugeordnet.

Einige wasserstoffoxidierende Bakterien (z.B. *Seliberia carboxyhydrogena, Pseudomonas carboxydoflava)* können auch Kohlenmonoxid als Elektronendonor für einen chemolithotrophen Energiegewinn verwerten.

Anaerobe H_2-Verwertung und Carbonatatmung

Molekularer Wasserstoff (H_2) kann von vielen Bakteriengruppen auch unter anaeroben Bedingungen oxidiert und dabei ATP gewonnen werden. Als Elektronenakzeptoren dienen Fumarat, Nitrat, Sulfat, Schwefel oder auch Carbonat (CO_3^{2-}) bzw. Kohlendioxid (CO_2). Die Carbonatreduktion führt dabei zu zwei verschiedenen Endprodukten; es entsteht Methan im Energiestoffwechsel der methanbildenden Bakterien oder Essigsäure (Acetat) im Energiestoffwechsel der „acetogenen" Bakterien (z. B. *Clostridium aceticum, Acetobacterium woodii)*:

Molekularer Wasserstoff + Kohlendioxid
→ Essigsäure + Wasser
$(4\ H_2 + 2\ CO_2 \rightarrow CH_3COOH + 2\ H_2O)$.

Dieser anaerobe Energiestoffwechsel wird oft noch als Methan- bzw. Essigsäuregärung bezeichnet. Da ATP jedoch durch eine oxidative Phosphorylierung gebildet wird, spricht man genauer von einer anaeroben „Carbonatatmung".

Methanbildung und Methanbakterien

Methan (CH_4) wird in der Natur von einer hochspezialisierten Bakteriengruppe gebildet, die streng anaerob lebt. Methanbildner sind in Schlamm und Sümpfen verbreitet, wo man sie an der Entwicklung des „Sumpfgases" erkennt. Sie produzieren Methan im Pansen der Wiederkäuer, die es zusammen mit Kohlendioxid ausscheiden (siehe Pansensymbiose), in Termiten und in den Faultürmen der Kläranlagen, wo es als „Brenngas" (Faulgas) gewonnen werden kann. Die methanbildenden Bakterien nutzen nur wenige einfache Verbindungen (z. B. Wasserstoff, Formiat, Methanol, einige Acetat) als Substrat. Im Energiestoffwechsel wird molekularer Wasserstoff (H_2) oder Wasserstoff [H] von den organischen Substraten auf Kohlendioxid übertragen, so daß Methan entsteht:

Molekularer Wasserstoff + Kohlendioxid → Methan + Wasser
$(4\ H_2 + CO_2 \rightarrow CH_4 + 2\ H_2O$ + freie Energie)

Die Methanbildner verwerten die niedermolekularen Endprodukte verschiedener Gärer und sind damit das letzte Glied im anaeroben Abbau polymerer organischer Substrate (z. B. Cellulose, siehe anaerobe Nahrungskette, Kap. 5).

Die streng anaeroben *methanbildenden* Bakterien werden wegen ihres besonderen Stoffwechsels und der molekularen Zusammensetzung taxonomisch in eine Abstammungslinie bei den Archaebakterien eingeordnet. Sie gehören wahrscheinlich zu den ältesten Bakterien, da viele zum Wachstum nur Wasserstoff und Kohlendioxid benötigen – Verbindungen, die wahrscheinlich bereits auf der „Urerde“ vorhanden waren.

Interessant ist, daß auch in wasserhaltigen Hohlräumen kilometertiefer Gesteinsschichten Bakterien wachsen, die ihre Stoffwechselenergie aus der Oxidation von Wasserstoff gewinnen, der aus chemischen Reaktionen der Mineralien entsteht.

Unvermutet hohe Mengen an Methan wurden in den letzten Jahren in Form von Methanhydrat in den Meeren gefunden. Methanhydrat ist eine feste, eisähnliche Masse, in der Methan eingeschlossen ist. Nach Isotopenmessungen ist es hauptsächlich biologisch entstanden. Gashydrat ist nur stabil, wenn drei Voraussetzungen erfüllt sind: Es müssen eine niedere Temperatur und ein hoher Druck im Tiefenwasser herrschen sowie eine reiche Methanbildung durch die Zersetzung organischer Substrate stattfinden. Deshalb sind die größten Vorkommen an den Kontinentalabhängen zu finden, wo der Meeresboden zur Tiefsee abfällt und immer wieder Sedimente mit reichlich organischem Material abrutschen. Experten schätzen, daß in Methanhydraten mehr Energie gespeichert ist, als in allen bekannten Vorkommen von Erdgas, Erdöl und Kohle. Diese Energiereserven könnten aber auch in Zukunft negative Auswirkungen haben. Bei einer Erwärmung der Meere würde das Treibhausgas Methan freiwerden und eine weitere Steigerung der Temperatur auf der Erde bewirken.

Methan als Brenngas

Nach dem Zweiten Weltkrieg sind – besonders in landwirtschaftlichen Betrieben – zum Gewinn von Methangas „Biogasanlagen“ genutzt worden, in denen pflanzliche Abfälle und tierische Exkremente als Gärsubstrat dienten. Diese biologische Methangewinnung (besonders aus Kuhmist) wird in China und Indien für bäuerliche Gemeinschaften stark vom Staat gefördert, da das umgesetzte organische Material noch als guter Dünger verwendet werden kann. In Industriestaaten versucht man Methoden auszuarbeiten, bei denen im industriellen Maßstab der organische Anteil des Hausmülls (z. B. Papier) und des Abwassers in „Biokonvertern“ beseitigt und gleichzeitig Energie (Biogas, Brenngas) gewonnen werden kann.

Phototropher Energiegewinn

Einer der wichtigsten biologischen Prozesse auf der Erde ist die *Photosynthese*. Durch die Tätigkeit phototropher Organismen sind erst die Voraussetzungen dafür geschaffen worden, daß sich ein aerober Atmungsstoffwechsel entwickeln konnte und damit auch die Evolution zu höheren tierischen Organismen bis zum Menschen möglich wurde. Auch heute noch sind wir von der eingefangenen Lichtenergie in den fossilen Brennstoffen (Kohle, Erdöl) abhängig, die direkt oder indirekt durch den Stoffwechsel der Pflanzen in vorgeschichtlicher Zeit gebildet wurden.

Es muß dabei zwischen zwei Formen der Photosynthese unterschieden werden:

1. Die einfache bakterielle Photosynthese, die *anoxygene* Photosynthese, die nur unter Sauerstoffausschluß abläuft und bei der *kein* Sauerstoff gebildet wird.
2. Die *oxygene* Photosynthese von Cyanobakterien (Blaugrüne Bakterien, Blaualgen), von Algen und höheren Pflanzen, in der durch eine Wasserspaltung Sauerstoff entsteht.

Formal kann der phototrophe Stoffwechsel vieler schwefelverwertender Bakterien durch folgende Gleichungen beschrieben werden:

1. Kohlendioxid + Schwefelwasserstoff + Licht
→ Zellsubstanz + Schwefel + Wasser

$$(CO_2 + 2\ H_2S + \mathit{Licht} \rightarrow [CH_2O] + 2\ S + 2\ H_2O)$$

Bei Cyanobakterien und grünen Pflanzen laufen dagegen formal folgende Reaktionen ab:

2. Kohlendioxid + Wasser + Licht → Zellsubstanz
+ Sauerstoff + Wasser

$$(CO_2 + 2\ H_2O + \mathit{Licht} \rightarrow [CH_2O] + O_2 + H_2O)$$

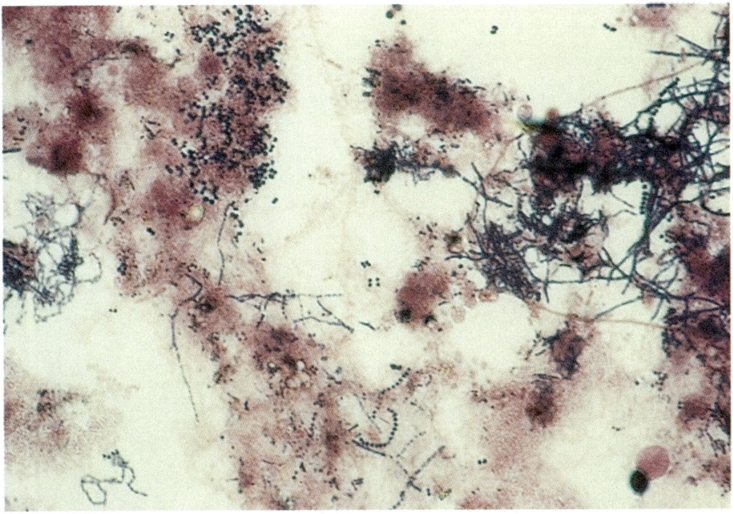

Tafel 1: Schlammflocke aus einer Kläranlage nach Gram gefärbt. Grampositive Zellen (Kokken, Streptokokken und fädige Formen) sind blau-violett, gramnegative Zellen (meist stäbchenförmige Bakterien) rosa-violett.

Tafel 2: »Fruchtkörper« eines Myxobakteriums (*Chondromyces*) (ca. 0,7 mm). Er setzt sich aus Milliarden von Einzelzellen und Schleim zusammen. In ihm werden trockenresistente Überdauerungszellen (Myxosporen) gebildet. (Aufnahme: H. Reichenbach, Braunschweig)

Tafel 3: Kulturfläschchen mit phototrophen Bakterien (schwefelfreie Purpurbakterien) und Cyanobakterien (Cy). Das blaugrüne Bacteriochlorophyll des Photosyntheseapparates der schwefelfreien Purpurbakterien wird meist durch gelbe bis purpurfarbene Carotinoide überdeckt. Die blau-grüne Farbe der Cyanobakterien entsteht durch die Farbmischung von roten und blauen Farbstoffen (Phycobiline) mit dem Chlorophyll. 1: *Rhodopseudomonas viridis* (wenig Carotinoide), 2: *Rhodobacter capsulatus* (Mutante ohne Carotinoide), 3: *Rhodospirillum rubrum*, 4: *Rhodocyclus gelatinosus*, 5: *Rhodobacter capsulatus* (Wildform), CY: *Leptolyngbya*-Cyanobakterium

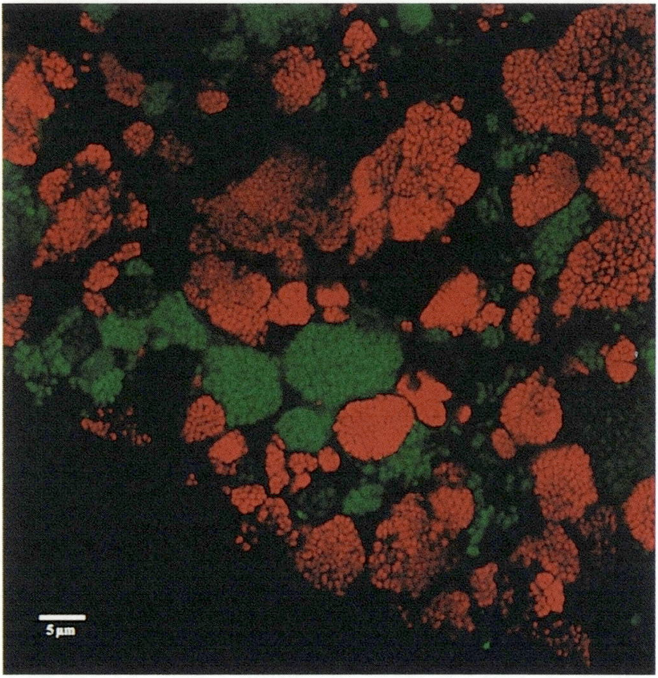

Tafel 4: Markierung von nitrifizierenden Bakterien mit genetischen Sonden in einem Abwasserbiofilm. Die mit fluoreszierenden Farbstoffen sichtbar gemachten Sonden haben sich mit bestimmten Ribosomen-Abschnitten verbunden, die für Nitrifizierer spezifisch sind. Die grün markierten Sonden sind spezifisch für Ammoniumoxidierer, rot markierte Sonden für Nitritoxidierer. Diese Identifizierungsmethode kann auch in der Medizin zum schnellen Nachweis von gefährlichen Krankheitserregern eingesetzt werden. Dadurch lassen sich bestimmte pathogene Bakterien bereits nach wenigen Stunden erkennen und nicht erst nach 2–3 oder mehr Tagen, wenn die Bestimmung mit den üblichen, klassischen Methoden erfolgt. (Aufnahme: M. Wagner, München)

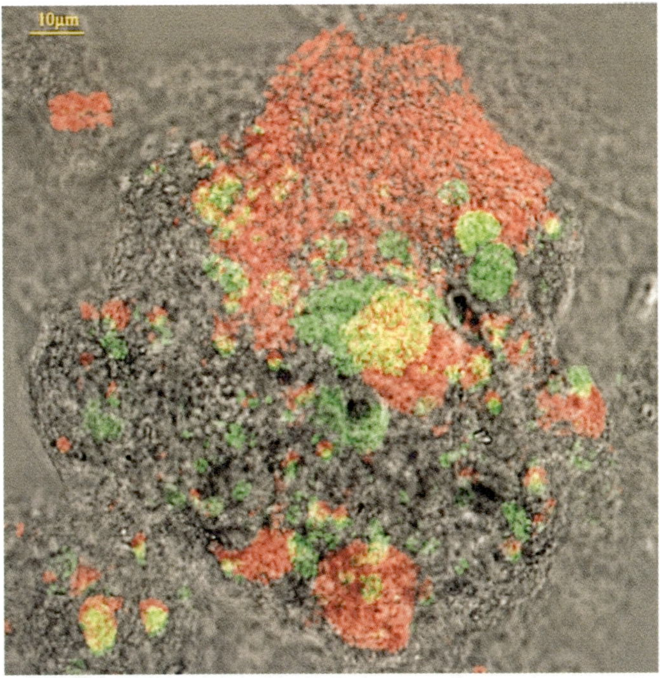

Tafel 5: Markierung von stickstoffverwertenden Bakterien mit genetischen Sonden, die mit fluoreszierenden Farbstoffen markiert sind und an spezifischen Stellen der Bakterien-Ribosomen andocken. Diese und viele andere Bakterien wachsen im Schleim einer Schlammflocke aus einer Kläranlage. Die Sonden für einen Ammoniumoxidierer (*Nitrosococcus*), der auch unter sauerstofffreien Bedingungen denitrifizieren kann, sind grün, die für einen Denitrifizierer (*Azoarcus tolulyticus*) rot markiert. Andere Bakterien in der Schlammflocke wurden nicht markiert. (Aufnahme: S. Juretschko, München)

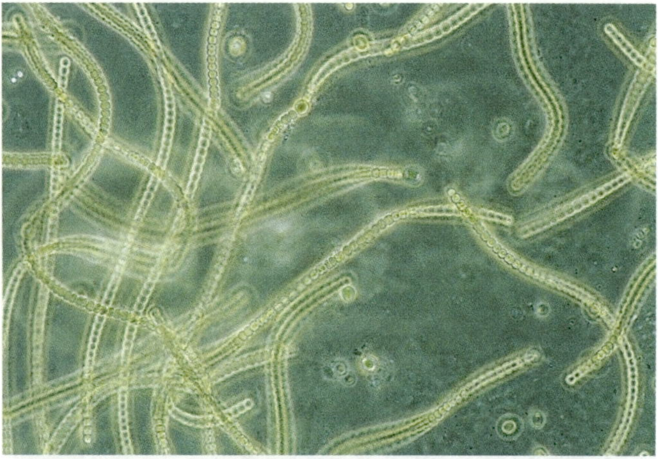

A

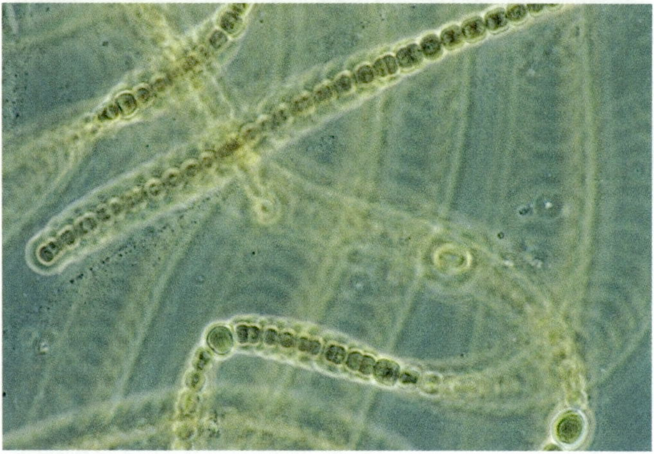

B

Tafel 6: Verschiedene Zellenverbände von Cyanobakterien A: Ketten von Zellen der Gattung *Nostoc,* die bei den einzelnen Arten eine Breite von 2–8 (10) µm besitzen, werden von einer Gallerthülle zusammengehalten, so daß die Kolonie mehrere Zentimeter aufweisen kann. Die größeren Zellen in den Zellfäden sind Heterocysten, in denen Stickstoff aus der Luft aufgenommen und in eine gebundene Form (Ammonium) umgewandelt wird. Die Heterocysten enthalten kein Chlorophyll, so daß in diesen spezialisierten Zellen keine Photosynthese stattfindet. B: stärker vergrö-

C

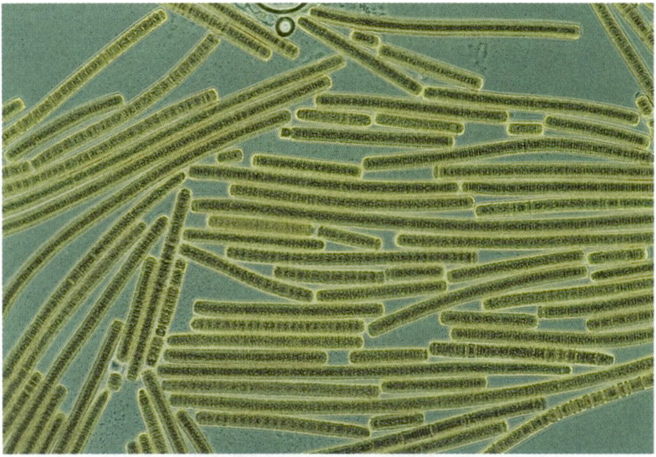

D

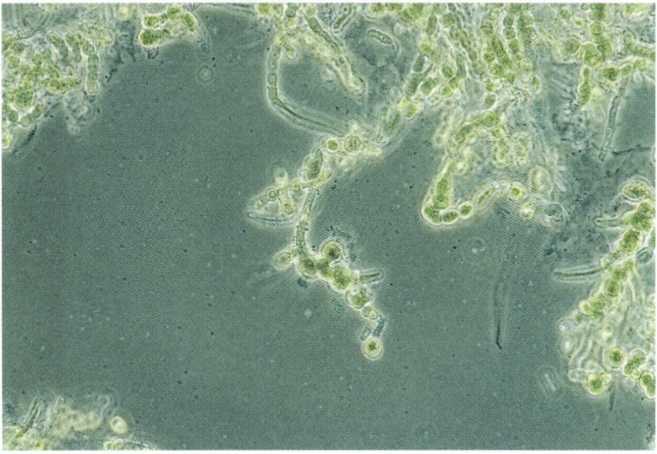

ßerter Ausschnitt von *Nostoc*-Fäden mit Heterocysten. C: Fäden von Zellen der Gattung *Oscillatoria* (Breite oft 10 bis über 15 µm), die keine Heterocysten ausbildet; die Fäden sind zum Teil in kurze Stücke (= Hormogonien) zerfallen, die der Vermehrung dienen. D: Verzweigte Fäden von *Fischeriella*. Haupt- und Nebenäste haben eine unterschiedliche Breite (3 [4] bis etwa 20 µm). Die Arten bilden auch Heterocysten zur Stickstoffixierung aus.

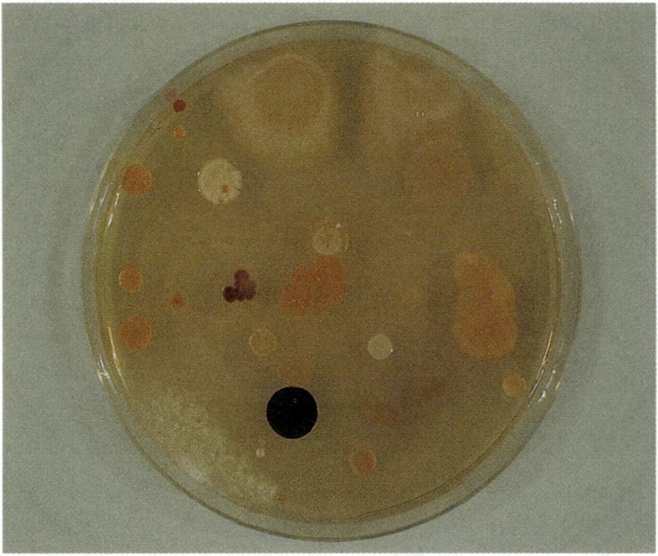

Tafel 7: Kolonien von Mikroorganismen, die sich in einer Petrischale (Ø = 10 cm) auf einem Agar-Nährboden entwickelt haben, nachdem er für einige Zeit (ca. 1 Stunde) offen der Luft ausgesetzt worden war. Die in dieser Zeit auf den Nährboden gefallenen mikroskopisch kleinen Mikroorganismen oder ihre Sporen, die diesen Nährboden verwerten können, haben sich in 5 Tagen so stark vermehrt, daß sichtbare Kolonien entstanden sind. Die großflächigen weißlichen, watteartigen Kolonien und die schwarze Kolonie sind Pilzmyzelien. Die Färbung der dunklen Kolonie wird durch Vermehrungssporen (Konidien) verursacht. Die Bakterienkolonien sind überwiegend kleiner, aber dichter, oft gelb bis rötlich gefärbt. Diese Pigmentierung dient den Bakterien als Schutz vor UV-Licht und ist daher oft bei Arten zu finden, die dem Sonnenlicht ausgesetzt sind. Die größeren, unregelmäßigen Bakterienkolonien entstehen oft durch bewegliche Bakterienzellen. Das rein-weiße, matte Aussehen einer Kolonie von einem Streptomyceten beruht auf der Lichtstreuung an Luftsporen, die der schnellen Vermehrung dienen.

In den prokaryotischen, phototrophen Bakterien und Cyanobakterien ist der *Photosyntheseapparat* (d.h. alle Strukturen für den phototrophen Energiegewinn) auf Membranen innerhalb des Cytoplasmas oder direkt in der *Cytoplasmamembran* lokalisiert. Die eukaryotischen Algen und grünen Pflanzen enthalten die Strukturen für eine Lichtumwandlung in besonderen Organellen, den *Chloroplasten.*

Die phototrophen Bakterien kommen vorwiegend in anaeroben Bereichen von Gewässern vor. Durch ihre Pigmente sind sie gelb bis rot-violett (Carotinoide) oder grün (Bacteriochlorophyll) gefärbt (siehe Tafel 3).

Eine Gruppe der phototrophen Bakterien, die *Schwefel-Purpurbakterien,* überziehen oft als lachsfarbener bis tiefroter Belag den Schlamm von Pflanzenmaterial, das sich in Zersetzung befindet. Zeitweise können sie sich auch als „Wasserblüte" in dezimeterdicker Schicht über dem Schlamm ansammeln.

Halobakterien und phototropher Energiegewinn

Die extrem salzliebenden *Halobakterien* aus Salzseen und eintrocknendem Meerwasser sind *aerobe Bakterien* mit einem Atmungsstoffwechsel. Sie sind meist durch Carotinoide, die als Lichtschutz dienen, rot gefärbt. Wachsen die Bakterien unter begrenzter Sauerstoffversorgung, so bildet sich eine modifizierte Cytoplasmamembran mit purpurfarbenen Bezirken (*Purpurkomplex*) aus, die aus einem Farbstoff-Proteinkomplex, dem *Bacteriorhodopsin,* aufgebaut sind. Dieser Farbkomplex ist dem Rhodopsin tierischer Sehzellen ähnlich. Bei Belichtung verändert der Purpurkomplex reversibel seine Absorption von 560 auf 412 nm; dabei werden Protonen (H^+) nach außen abgegeben. Es baut sich ein Energiegradient (Protonengradient) zwischen Außenseite und Innenseite der Cytoplasmamembran auf, der zu einer ATP-Synthese genutzt werden kann. Halobakterien vermögen dadurch auch *anaerob* im Licht, wie die phototrophen Bakterien, im Stoffwechsel verwertbare Energie (ATP) zu gewinnen.

5. Bakterien im Stoffkreislauf der Natur und ihre Bedeutung für die Umwelt

Der Kohlenstoffkreislauf

Das Hauptelement in allen Organismen, Bestandteil aller organischen Verbindungen, ist Kohlenstoff. Die Photosynthese der grünen Pflanzen und Cyanobakterien, in der Sauerstoff entsteht, ist der weitaus wichtigste synthetische (anabole) Stoffwechselweg, in dem Kohlendioxid gebunden, reduziert und zu Zellsubstanz aufgebaut wird. Der größte Anteil an Biomasse wird in den Ozeanen vor allem durch einzellige Algen (hauptsächlich Diatomeen und Dinoflagellaten) sowie Cyanobakterien und auf dem Lande durch Samenpflanzen produziert (Abb. 10).

Photoautotrophe und chemoautotrophe Bakterien vermögen auch allein mit Kohlendioxid als Kohlenstoffquelle zu wachsen. Im Vergleich zu den Syntheseleistungen der höheren Pflanzen ist die bakterielle Primärproduktion organischer Verbindungen aus Kohlendioxid jedoch gering und nur in speziellen, meist extremen Biotopen von Bedeutung (siehe Seite 82). Die Hauptfunktion der Bakterien (wie der Pilze) im Kohlenstoffkreislauf liegt daher hauptsächlich im vollständi-

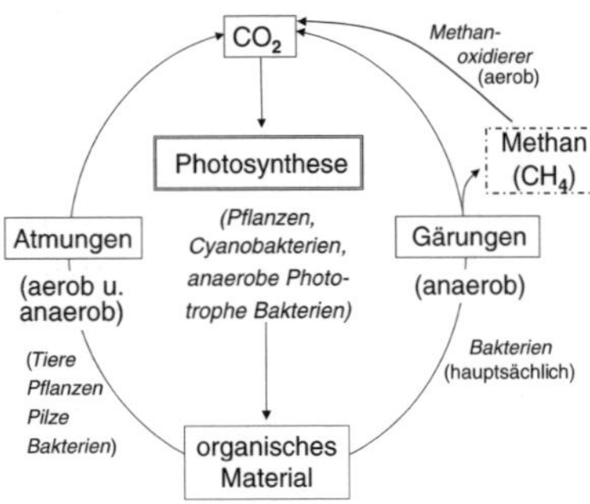

Abb. 10: Der Kohlenstoffkreislauf in der Natur

gen Abbau organischen Materials zu anorganischen Verbindungen (= Mineralisation).

In der Atmosphäre befinden sich etwa 0,03% Kohlendioxid (ca. $0{,}7 \times 10^{12}$ t C). Dieser Vorrat würde durch die hohe photosynthetische Leistung der grünen Pflanzen in etwa 20 Jahren erschöpft sein. In den Ozeanen ist das 30–70fache des Luft-Kohlendioxids enthalten; aber auch diese Reserven wären in etwa 2000 Jahren durch die biologische Assimilation verbraucht. Man schätzt die jährliche Produktion an gebundenem Kohlenstoff durch Pflanzen auf etwa $0{,}12 \times 10^{12}$ t C; die Schätzwerte sind jedoch sehr unterschiedlich.

In der grünen Pflanze werden durch die Kohlendioxidfixierung in erster Linie Zucker und verwandte Verbindungen synthetisiert. Auf dem Land entstehen zu etwa 60% Holz, das zu 75% aus Polysacchariden besteht (Cellulose, Hemicellulose, Stärke, Pektine und Arabinogalactose). Lignin und ähnliche Verbindungen machen weitere 20% der Holzsubstanz aus; der Proteingehalt ist dagegen gering (1–2%).

Der hohe Anteil an Polysacchariden unter den Assimilationsprodukten der grünen Pflanzen macht es verständlich, daß Zucker als Nährstoffe für die heterotrophen Lebewesen von größter Bedeutung sind. Glucose und andere Zucker sind dementsprechend bevorzugtes Substrat für die meisten heterotrophen Mikroorganismen. Da die Zucker meist in polymeren, unlöslichen Verbindungen festgelegt sind, ist daher vor einer Nutzung erst eine Zerlegung in die einfachen monomeren Bausteine erforderlich. In neutralen und mehr basischen Böden sind vorwiegend Bakterien, in sauren Böden hauptsächlich Pilze am Aufschluß des polymeren Pflanzenmaterials beteiligt. Die Fähigkeit dieser Mikroorganismen, der *Destruenten,* Pflanzenmaterial, Tierkadaver und andere komplexe Verbindungen zu zersetzen, ist von größter Bedeutung für den Kreislauf der Stoffe in der Natur. Es wird angenommen, daß bei der *Mineralisation,* dem vollständigen Abbau der organischen Kohlenstoffverbindungen zu Kohlendioxid, Bakterien und Pilze mit etwa 90% beteiligt sind und daß der Anteil aller anderen Organismen sowie der Verbrennungsprozesse nur 10% beträgt. Die Ursache für die überragende Bedeutung der Bakterien und Pilze an den Abbauvorgängen ist auch auf die hohe Stoffwechselaktivität und das schnelle Wachstum zurückzuführen, die sich aus der Kleinheit dieser Lebewesen erklären. Das Verhältnis von Zelloberfläche zu Volumen ist bei den kleinen Mikroorganismen im Vergleich zu höheren Organismen sehr viel größer; dadurch ist auch ein schnellerer Stoffaustausch möglich. Die Atmungsaktivität kann bei Bakterien mehrere hundertmal so hoch sein wie beim Menschen (wenn wir uns auf gleiche Gewichtsmengen beziehen).

Unter aeroben Bedingungen können alle von Organismen biosynthetisch aufgebauten Verbindungen wieder abgebaut werden. Es ist daher trotz des seit Millionen von Jahren erfolgenden Aufbaus organischer Substanzen durch die grünen Pflanzen keine dieser Verbindungen in größerem Umfang angereichert worden. Die „biochemische Universalität" beim vollständigen Abbau organischer Stoffe bezieht sich natürlich nicht auf eine Art, sondern auf die Gesamtheit der Bakterien. Einzelne Bakterien sind sogar hohe Substratspezialisten, die nur wenige Verbindungen nutzen können; so metabolisiert eine Gruppe der Methanoxidierer nur Methan und Methanol sowie wenige andere organische Verbindungen, die aber keine C-C-Bindung enthalten dürfen.

Außer einigen künstlich vom Menschen hergestellten Produkten werden auch eine Reihe von natürlich vorkommenden organischen Verbindungen nur außerordentlich langsam zersetzt. Im Boden häufen sich diese Bestandteile an; es entsteht *Humus,* der in fruchtbaren Böden die braun-schwarze Färbung hervorruft. In einigen Böden scheinen (nach Messungen mit der Radio-Carbon-Methode) einige Humusbestandteile über tausend Jahre alt zu sein.

Die Flexibilität der Mikroorganismen im Abbau organischer Verbindungen scheint bei einigen künstlichen, von Menschen geschaffenen Produkten eine Grenze gefunden zu haben. So ist bei einigen niedermolekularen Pflanzenschutzmitteln und Detergentien nur ein sehr langsamer Abbau (mehrere

Monate bis mehrere Jahre lang) oder wie bei den meisten hochpolymeren Kunststoffen auch nach Jahrzehnten keine signifikante biologische Zersetzung zu beobachten. Diese abbauresistenten Stoffe könnten sich in Zukunft zu einem großen gesundheitlichen und ökologischen Problem entwickeln.

Unter Luftabschluß werden auch von Bakterien nicht alle natürlichen organischen Verbindungen abgebaut. So kommt es bei Fehlen von Sauerstoff zu einer Anreicherung stark reduzierter Verbindungen, wie *Erdöl, Erdgas* (*Methan*) und *Kohle.* Der Anteil dieser Verbindungen an der Gesamtmasse organischer Substanzen auf der Erde ist aber gering.

Abbau von polymeren organischen Substraten zu Methan in der anaeroben Nahrungskette

Die Stoffwechselvorgänge beim Abbau polymerer Naturstoffe unter Sauerstoffausschluß sind sehr komplex; dabei sind immer mehrere physiologische Bakteriengruppen beteiligt. Es laufen verschiedene Gärungen und anaerobe Atmungen ab, wobei das Endprodukt der Gärung einer Bakteriengruppe der anderen als Substrat dienen kann. Am Ende der Abbaukette der Polymeren (Cellulose, Stärke, Lipide und Eiweiße) in dieser „anaeroben Nahrungskette" entwickelt sich meist Methan, das durch Methanbildner in einer anaeroben Atmung durch Reduktion von Kohlendioxid mit Wasserstoff oder aus Acetat gebildet wird.

Durch die Zersetzung der organischen Stoffe entwickelt sich in hohen Mengen CO_2 aus verschiedenen Gärungen und zusätzlich bei der Methanbildung aus Acetat. Der Biomassezuwachs ist sehr gering, da wegen des geringen Energiegewinns in den Gärungen nur ca. 10% der umgesetzten Kohlenstoffsubstrate in Zellsubstanz umgewandelt werden.

Der Abbau der Polymeren erfolgt schrittweise und kann in 4 Abschnitte unterteilt werden (Abb. 11):

1. In der *Hydrolysephase* findet eine Umwandlung der makromolekularen organischen Stoffe in lösliche Verbindungen durch extrazelluläre Enzyme (z.B. Cellulase, Pro-

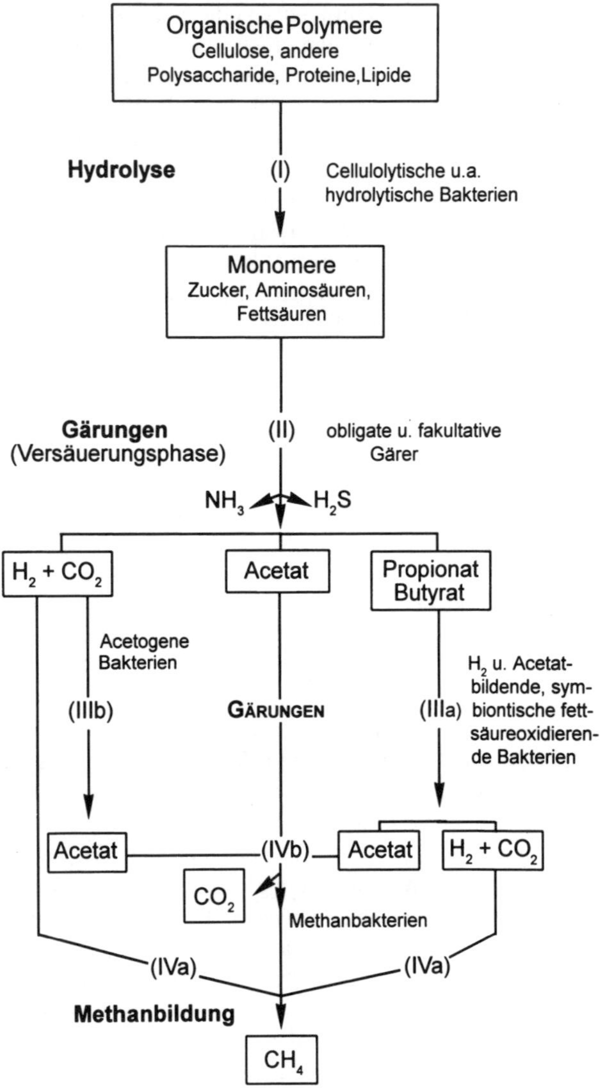

Abb. 11: „Anaerobe Nahrungskette“ im Faulschlamm von Seen oder im Faulturm von Kläranlagen

teasen, Lipasen) statt, die durch obligat und fakultativ anaerobe Bakterien (z. B. *Clostridium-*, *Bacteroides-*, *Eubacterium*-Arten) ausgeschieden werden.

2. In der *Versäuerungsphase* (acinogene P.) werden die löslichen Verbindungen (z. B. einfache Zucker) zu Buttersäure, Propionsäure, Alkoholen, H_2 und CO_2 durch obligate und fakultative Gärer umgewandelt (z. B. durch *Clostridium-*, *Streptococcus-*, *Bifidobacterium-*, *Lactobacillus-*, *Eubacterium*-Arten, Enterobacteriaceen).

3a. In der *wasserstoff- und essigsäurebildenden Phase* (hydrogene und acetogene P.) findet eine Vergärung der Fettsäuren und Alkohole zu Essigsäure, CO_2 und H_2 durch spezifische, nur symbiontisch wachsende Bakterien (z. B. *Syntrobacter wolinii*, *Syntrophomonas wolfei*) statt.

3b. Die *essigsäurebildende Phase* ([homo-]acetogene P.) ist meist eine Nebenreaktion, in der Essigsäure aus Wasserstoff und CO_2 gebildet wird (z. B. durch *Clostridium woodii*).

4. In der abschließenden *methanbildenden Phase* (methanogene P.) findet eine Methanbildung durch Methanbakterien aus $H_2 + CO_2$ (z. B. *Methanobacterium formicicum*, *Methanobrevibacter arboriphilus*) und aus Essigsäure (z. B. *Methanosarcina barkeri)* statt.

Beim Abbau der polymeren organischen Substrate bis zum Methan dienen Gärendprodukte einer physiologischen Bakteriengruppe einer anderen als Substrat. In dieser „anaeroben Nahrungskette“ bedeutet es daher nicht, daß, wie in einer „normalen“ Nahrungskette, eine Bakteriengruppe die nächste auffrißt, sondern es handelt sich hier um eine optimale „Verwertungskette“, in der der Abfall der Gärer von den anaeroben Atmern genutzt wird.

Gelangt das anaerob freigesetzte Methan in sauerstoffhaltige Zonen, kann es durch *methanoxidierende Bakterien* (z. B. *Methylomonas methanica*) wieder zu Kohlendioxid oxidiert werden.

Gewässerverschmutzung und Selbstreinigung

Ohne eine massive Verschmutzung durch kommunale oder industrielle Abwässer findet nach dem Einfließen von organischem Abfall in verhältnismäßig kurzer Zeit eine Selbstreinigung der Gewässer statt (Abb. 12). Am Abbau der belastenden organischen Stoffe sind viele Organismengruppen beteiligt. Die entscheidende Rolle spielen aber wieder Bakterien und Pilze, die im günstigsten Fall die meisten organischen Substanzen vollständig mineralisieren. In einem Milliliter Abwasser leben viele Millionen Saprophyten, chemoheterotrophe Bakterien (z. B. Pseudomonaden, *Proteus*, Bacillen), aber auch Vertreter fast aller anderen physiologischen Bakteriengruppen. Schwefeloxidierende Bakterien, Nitrifizierer, Eisenbakterien und Eisenorganismen sowie Denitrifizierer sind ebenfalls in hoher Konzentration vertreten.

Ölverschmutzte Gewässer enthalten eine große Anzahl von kohlenwasserstoffabbauenden Bakterien. Der Abbau erfolgt besonders bei dicken Ölschichten, wie sie bei Tankerkatastrophen entstehen, nur sehr langsam, da die Bakterien das Rohöl nur von der Oberfläche angreifen. Rohöl wird auch nur selten vollständig mineralisiert. Sinkt der Ölteppich auf den Grund der Gewässer, so tritt vielfach eine Verharzung ein, die den weiteren Abbau völlig verhindert. Ölhaltige Abwässer mit geringem Ölgehalt werden dagegen verhältnismäßig schnell gereinigt. Auch Phenole werden rasch abgebaut, besonders

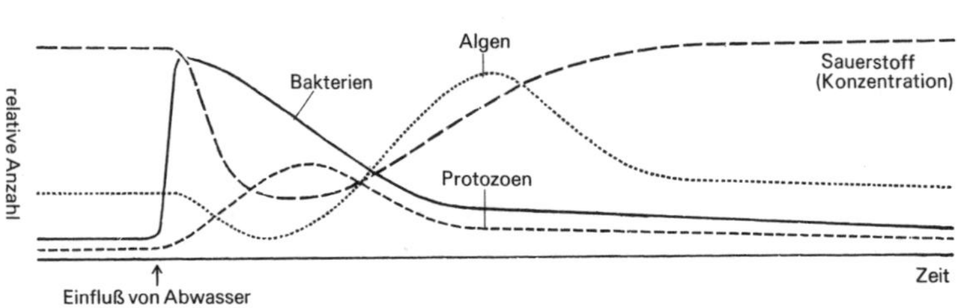

Abb. 12: Verteilung von Bakterien, Algen, Protozoen und Sauerstoff nach Einleitung von Abwasser in einen Fluß

von Nocardien, die auch langkettige, aliphatische Kohlenwasserstoffe (Paraffine) verwerten können.

Werden Abwässer mit hohem Gehalt an organischen Schmutzstoffen direkt in Flüsse und Seen geleitet, so drohen (abgesehen von Belastungen mit Giftstoffen) zwei Gefahren: eine Störung der Selbstreinigung und eine Belastung des Gewässers mit Krankheitskeimen. Ausgelöst durch das beste organische und anorganische Nährstoffangebot kommt es zu einer explosionsartigen Entwicklung von Mikroorganismen und, damit verbunden, zu einem hohen Sauerstoffverbrauch. Es entstehen anaerobe Zonen, in denen durch Fäulnis und Sulfatreduktion große Mengen an Schwefelwasserstoff anfallen. Der Sauerstoffmangel und der toxische Schwefelwasserstoff bewirken, daß im Wasser fast alle höheren Lebewesen und auch viele Mikroorganismen abgetötet werden.

Der schwefelwasserstoffhaltige Bodenschlamm von Seen kann umfangreiche Fischsterben verursachen, wenn er durch Stürme zur Oberfläche aufsteigt.

Mit den häuslichen und klinischen Abwässern gelangen auch menschenpathogene Mikroorganismen in die Gewässer. Obwohl sie sich in der Regel nicht vermehren und mit der Zeit zugrunde gehen, können sie doch einige Tage bis viele Wochen überleben und ihre Infektionsfähigkeit behalten. Es treten hauptsächlich pathogene *Darmbakterien* auf, Typhuserreger (*Salmonella typhi, Salmonella paratyphi),* seltener bakterielle Ruhrerreger (Shigellen). In tropischen Ländern mit unzureichend gereinigtem Trinkwasser können auch noch heute Choleraepidemien (durch *Vibrio cholerae*) auftreten. In Deutschland war die letzte Choleraepidemie 1892 in Hamburg. Gefährlich ist der Verzehr roher Muscheln und Austern aus abwasserbelasteten Gewässern, da in ihnen pathogene Bakterien und andere Krankheitserreger durch die Wasserfilterung angereichert werden; sie haben so wiederholt zu Typhus- und Choleraepidemien geführt.

Der Stickstoffkreislauf

Verwertung von Luftstickstoff (Stickstoffixierung)

Die Erdatmosphäre besteht zu etwa 79% aus molekularem Stickstoff (N_2, Distickstoff). Dieser unerschöpfliche Stickstoffvorrat kann aber nur von einigen Bakterien und Cyanobakterien direkt als Stickstoffquelle genutzt werden. Alle anderen Organismen sind für die Biosynthese von Aminosäuren, Proteinen, Nucleinsäuren und Vitaminen auf gebundenen Stickstoff in Form von Ammonium, Nitrat oder organischen Stickstoffverbindungen angewiesen.

Die biologische Stickstoffbindung erfolgt entweder *nichtsymbiontisch* oder *symbiontisch* in Gemeinschaft mit grünen Pflanzen (siehe Kapitel 6). Dabei wird der molekulare Stickstoff aus der Atmosphäre zu Ammoniak bzw. Ammonium reduziert.

Durch den hohen Stickstoffbedarf der Zellen ist der Stickstoffgehalt des Bodens oder von Gewässern oft begrenzender Faktor für das Wachstum. Ein Teil des gebundenen Stickstoffs, besonders Nitrat, wird durch Regen aus den oberen Bodenschichten ausgewaschen. Außerdem werden unter anaeroben Bedingungen hohe Mengen an Nitrat in der Nitratatmung (Denitrifikation) vieler Bakterien wieder freigesetzt. Die biologische Stickstoffixierung ist daher von größter Bedeutung für das ökologische Gleichgewicht im Stickstoffhaushalt, da hauptsächlich durch diese bakterielle Fähigkeit, molekularen Stickstoff wieder in gebundenen Stickstoff zurückzuführen, eine Verwertung durch die grünen Pflanzen ermöglicht wird (Abb. 13, 14).

Durch Niederschläge können aus der Atmosphäre auch Ammoniak oder Stickstoffoxide in den Boden gelangen, die durch UV-Licht, elektrische Entladungen (Gewitter) oder durch Verschmutzung der Luft mit Verbrennungsgasen entstanden sind. Je nach Verschmutzungsgrad der Luft kann diese „Stickstoffdüngung“ 3–30 kg N/ha im Jahr betragen. In der biologischen Stickstoffixierung werden bedeutend höhere Stickstoffmengen gebunden, 5–300 kg N/ha im Jahr. Die bio-

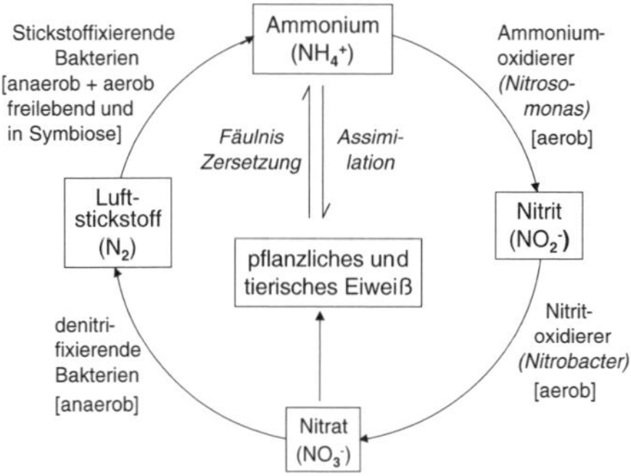

Abb. 13: Der Stickstoffkreislauf in der Natur

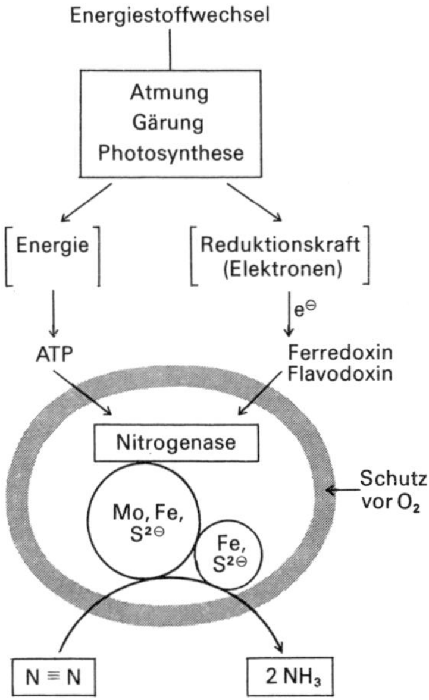

Abb. 14: Die Stickstoffixierung: Reduktion von Luftstickstoff (N_2, $N \equiv N$) zu Ammoniak (NH_3)

logische Fixierung auf der ganzen Erdoberfläche soll nach einigen Schätzungen etwa 100–200 Millionen Tonnen pro Jahr betragen, das wären 50–90% des gesamten fixierten Stickstoffs. Die Werte für die biologische Stickstoffbindung werden nach neueren Untersuchungen verschiedener Ökosysteme laufend nach oben korrigiert.

Der Verbrauch an industriell hergestelltem, chemisch gebundenem Stickstoff liegt weit unter den biologisch fixierten Mengen (etwa 50 Millionen Tonnen pro Jahr). Außerdem ist zu beachten, daß der chemische Prozeß durch die extremen Reaktionsbedingungen sehr kostspielig ist: Im Haber-Bosch-Verfahren wird Luftstickstoff mit Wasserstoff in Gegenwart von Katalysatoren bei einem Druck von 200 bar und Temperaturen von 400–600 °C mit einer Ausbeute von etwa 12% zu Ammoniak reduziert. Die prokaryotische Zelle vermag die gleiche Reaktion bei normalem Luftdruck (ca. 1 bar) und Temperaturen von 20–30 °C zu katalysieren.

In der Natur kann molekularer Stickstoff von freilebenden Mikroorganismen und von symbiontisch lebenden Formen gebunden werden. Die bekanntesten aeroben freilebenden Bakterien gehören zur Gattung *Azotobacter (A. chroococcum, A. vinelandii),* die überall im Boden vorkommen. Der berühmteste Stickstoffixierer ist das obligat anaerobe Bakterium *Clostridium pasteurianum,* an dem die meisten Untersuchungen über die Mechanismen der Stickstoffixierung durchgeführt wurden. Für die Landwirtschaft sind die in Hülsenfrüchtlern (Leguminosen, z. B. Klee, Bohnen, Erbsen) wachsenden symbiontischen Stickstoffixierer der Gattung *Rhizobium* von größter Bedeutung (siehe Seite 90). Die *Nitrogenase,* das stickstoffbindende Enzymsystem, wird normalerweise nur ausgebildet, wenn ein stickstoffarmes oder -freies Milieu vorliegt. Ammonium unterdrückt die Stickstoffassimilation. Interessanterweise kann die Nitrogenase nicht nur molekularen Stickstoff ($N{\equiv}N$), sondern eine Reihe weiterer Substrate mit einer Dreifachbindung und auch Protonen (H^+) reduzieren, so daß molekularer Wasserstoff entsteht. In biotechnologischen Forschungsvorhaben wird versucht, diese Wasserstoffentwicklung so weit zu optimieren, daß sie als alternative Energiequelle genutzt werden kann.

Bemerkenswert ist das Vorkommen stickstoffbindender Stämme von *Klebsiella pneumoniae* im Darmtrakt von Bewohnern Neuguineas, die sich fast ausschließlich von Kohlenhydraten (Süßkartoffeln) ernähren. Wegen ihrer einseitigen Nahrung sind diese Menschen wahrscheinlich auf eine Versorgung mit Stickstoffverbindungen durch die stickstoffbindenden Symbionten angewiesen.

Proteinabbau

In Algen und Pflanzen ist der Stickstoff, wie bei allen Organismen, hauptsächlich in Proteinen und Nucleinsäuren gebunden. Nehmen Tiere die komplexen Stickstoffverbindungen mit ihrer Nahrung auf, so werden diese zum Teil abgebaut, bleiben aber hauptsächlich in reduzierter organischer Form erhalten. Im Gegensatz zu den Pflanzen wird aber ein beträchtlicher Teil des Stickstoffs ausgeschieden. Die organischen stickstoffhaltigen Ausscheidungsprodukte der Tiere (Harnstoff, Harnsäure) sowie abgestorbene Pflanzen und tote Tiere werden sofort von Mikroorganismen angegriffen und zersetzt, dabei entsteht Ammoniak (= *Ammonifikation*). Ein geringer Teil der Aminosäuren, die aus den Proteinen freigesetzt werden, dienen den Mikroorganismenzellen als Bausteine für die eigene Proteinsynthese.

Unter anaeroben Bedingungen wird normalerweise bei der Zersetzung proteinhaltiger Stoffe nicht der gesamte Stickstoff als Ammoniak frei. Von einigen Aminosäuren wird durch Fäulnisvorgänge (z. B. im Darm) erst Kohlendioxid abgespalten, so daß (primäre) Amine entstehen. Die bekanntesten übelriechenden Verbindungen, die „Leichengifte“, sind *Cadaverin, Putresin* und *Agmatin* (siehe Seite 53).

Ammoniak- und Nitratverwertung

Ammoniak bzw. Ammonium aus der Stickstoffixierung und dem Abbau stickstoffhaltiger, organischer Produkte wird direkt zur Bildung von Aminosäuren genutzt. Auch Nitrat kann von vielen Bakterien wie von anderen Mikroorganismen und Pflanzen als Stickstoffquelle verwendet werden. Vor dem Einbau in Zellsubstanzen ist eine Reduktion auf die Stufe des Ammoniaks notwendig (assimilatorische Nitratreduktion).

Anderseits wird Ammonium von den Nitrifizierern als Energiequelle genutzt (siehe Seite 58) und dabei zu Nitrat oxidiert. Nitrat wiederum dient unter Sauerstoffmangel (siehe Seite 55) den Denitrifizierern zur Oxidation ihrer Substrate. Nitrat wird dabei bis zum molekularen Stickstoff (N_2) reduziert, der dadurch freigesetzt wird. Somit ist der Stickstoffkreislauf geschlossen, und damit bleibt das Gleichgewicht im Stickstoffhaushalt des Bodens erhalten.

Der Schwefelkreislauf

Sulfatassimilation

Fast alle Mikroorganismen und Pflanzen können Sulfat als Schwefelquelle für Biosynthesen nutzen. Doch muß Sulfat vor einem Einbau in die schwefelhaltigen Aminosäuren von den Zellen in der *assimilatorischen Sulfatreduktion* auf die Stufe des Schwefelwasserstoffs reduziert werden (Abb. 15).

Schwefelwasserstoffbildung

Beim vollständigen Abbau von Proteinen wird neben Ammoniak auch Schwefelwasserstoff (H_2S) aus den schwefelhaltigen Aminosäuren (Cystein, Methionin) freigesetzt. Schwefelwasserstoff entsteht auch in großen Mengen unter anaeroben Bedingungen in der *Sulfatatmung* (= dissimilatorische Sulfatreduktion) der obligat anaeroben Sulfat- und Schwefelreduzierer (siehe Seite 56). Im Süßwasser ist normalerweise die Schwefelwasserstoffbildung aus der Mineralisation schwefel-

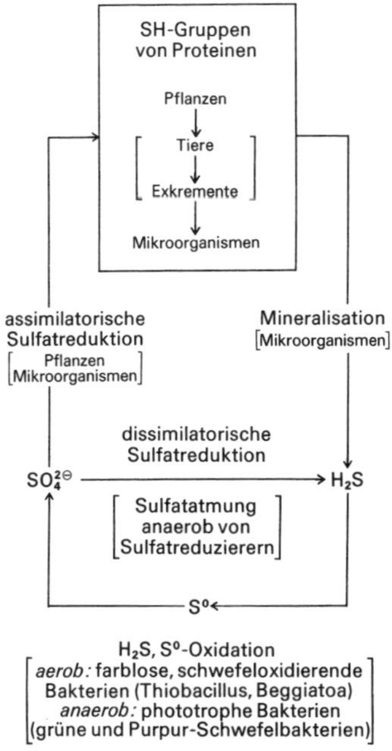

Abb. 15: Der Schwefelkreislauf in der Natur

haltiger organischer Substanzen vorherrschend. Da im Meer Sulfate in hoher Konzentration vorliegen, überwiegt dort dagegen, wenn Sauerstoffmangel vorliegt, die Freisetzung durch die Sulfatreduzierer. Auch durch vulkanische Tätigkeit (heiße Schwefelquellen) gelangt Schwefelwasserstoff in die Biosphäre. Ein geringer Teil des Schwefelwasserstoffs wird als unlösliches Sulfid (z. B. FeS) festgelegt und färbt in den anaeroben Zonen der Gewässer den Schlamm schwarz.

Schwefelwasserstoffoxidation und Schwefelkreislauf im Meer

Unter aeroben Bedingungen wird Schwefelwasserstoff im Energiestoffwechsel der farblosen *Schwefelbakterien* zu Sulfat oxidiert. Unter Luftabschluß sind es hauptsächlich die photosynthetischen *grünen* und *purpurfarbenen Schwefelbakterien*, die Schwefelwasserstoff zu Sulfat umwandeln, um „Reduktionskraft" für Biosynthesen zu gewinnen. Zwischenverbindung bei der Sulfatbildung ist elementarer Schwefel, der auch nicht-biologisch durch spontane Oxidation von Schwefelwasserstoff an der Luft entstehen kann.

In den lichtdurchlässigen Zonen der Meere und anderer Gewässer werden in der Photosynthese durch Algen und Cyanobakterien organische Stoffe aus Kohlendioxid aufgebaut, gleichzeitig entsteht Sauerstoff. So können abgestorbene Organismen aus den oberen Wasserschichten beim Absinken in die Tiefe von atmenden Bakterien wieder zersetzt werden. Am Meeresboden läßt sich gleichfalls eine hohe Atmungsrate nachweisen. Aber meist entsteht nur wenige Millimeter unter der Sedimentoberfläche bereits ein Sauerstoffmangel. In diesen Schichten müssen die Bakterien ihren Stoffwechsel umstellen oder anderen, anaeroben Bakterien die Verwertung der organischen Stoffe überlassen. In Gewässern, in denen durch ungenügend gereinigte Abwässer oder die Landwirtschaft Nitrat eingetragen wird, können viele normalerweise aerobe Bakterien ihren Stoffwechsel auf eine Nitratatmung einstellen. In weniger belasteten Gewässern findet zum größten Teil der Abbau organischer Stoffe durch die Tätigkeit von schwefelreduzierenden Bakterien statt. Im Meerwasser, wo hohe Konzentrationen an Sulfat vorkommen, kann diese Sulfatatmung noch viele Meter unter der Sedimentoberfläche ablaufen. Der in der Sulfatatmung freigesetzte, nach faulen Eiern riechende Schwefelwasserstoff (H_2S) fällt zum Teil als schwarzes Eisensulfid (FeS) aus. Der größte Teil diffundiert jedoch in die oberen Wasserschichten, wo er von speziellen Bakterien als Substrat genutzt wird. In den hellen, noch sauerstofffreien Zonen verwerten purpurfarbene und grüne phototrophe Bakterien Schwefelwasserstoff zur Reduktion von Kohlendioxid beim Aufbau von Zellsubstanz. Dabei wird Sulfat als oxidiertes Endprodukt ausgeschieden. In den sauerstoffenthaltenden Zonen ist Schwefelwasserstoff Nahrung für schwefeloxidierende Bakterien (siehe Seite 60). So findet man riesige weiße Matten fädiger, vielzelliger Formen der Gattung *Beggiatoa* auf Schlammoberflächen oder faulenden Meerespflanzen. *Beggiatoa*-Beläge beobachtet man immer öfter in der Nord- und Ostsee. Im Kalifornischen Golf sind mehrere Zentimeter dicke Matten von *Beggiatoa* am Meeresgrund gefunden worden. Auch am Rande von Tiefseevulkanen, in denen Schwefelwasserstoff nicht biologisch, sondern durch thermische Vorgänge aus Sulfat entsteht, wurden neue *Beggiatoa*-Arten entdeckt. Bemerkenswert ist die Zelldicke dieser Formen von ca. 100 µm und die Länge der mehrzelligen Fäden von einigen Zentimetern. Eine Besonderheit dieser Zellen ist die Verteilung des Cytoplasmas in dünner Schicht an der Zellmembran und die Ausbildung einer Vakuole im Inneren.

Das bisher größte Vorkommen von Schwefelbakterien wurde in der Tiefsee an der Küste vor Chile entdeckt. Die schleimigen Bakterienmassen dieser Bakterien der Gattung *Thioploca* (= Schwefelfaden), wegen ihres Aussehens auch „Spaghettibakterien" genannt, erstrecken sich am Meeresboden über eine Länge von 3000 km an der pazifischen Küste vor Südamerika in einer Tiefe von 50–300 m. Diese Schwefeloxidierer sind wie die *Beggiatoa*-Arten sehr groß, der Durchmesser beträgt ca. 40 µm und die mehrzellige Fadenlänge bis 7 cm. Noch größere Einzelzellen besitzt *Thiomargarita namibiensis,* ihr Durchmesser beträgt bis 0,75 mm. Die Besonderheit beider Formen ist jedoch ihre Fähigkeit, Schwefelwasserstoff (bzw. Schwefel) in einer Nitratatmung zu verwerten und diese beiden Stoffe in Zellvakuolen anzureichern und zu speichern.

Dieser spezielle Schwefelstoffwechsel verbindet den Schwefel- mit dem Stickstoffstoffwechsel und könnte eine bedeutende Rolle in der Beseitigung des Nährsalzes Nitrat und des giftigen Schwefelwasserstoffes in Meereszonen spielen, wo eine hohe Algen- und Fischproduktion zu finden ist.

Die Schwefelwasserstoffwelt und Leben ohne Sonnenlicht

Eine der faszinierenden Entdeckungen wurde vor über 20 Jahren (1977) in der Tiefsee am Rande der sogenannten „black smokers“ (Schwarze-Raucher-Kamine) gemacht. Dies sind sehr heiße Quellen in der Tiefsee entlang der untermeerischen Nahtstellen von auseinanderweichenden oder aufeinanderdrückenden Kontinentalplatten. An diesen Bruchzonen und Verwerfungen im Marianengraben im Westpazifik oder auf dem mittelatlantischen Rücken entstehen kaminartige Schlote, aus denen etwa 350 °C heißes Wasser austritt. Die ausströmende Flüssigkeit enthält molekularen Wasserstoff, Methan und Schwefelwasserstoff, außerdem werden Minerale freigesetzt. Die Metalle, z.B. Eisen, reagieren mit dem Schwefelwasserstoff. Es entsteht schwarzes Eisensulfid, das diesen Quellen den Namen gab. In diesen dunklen Regionen, in einer Tiefe von über 2000 m, fand man eine hohe Anzahl großer, unterarmdicker Bartwürmer (Pogonophoren, bis 2 m lang), tellergroße Muscheln und andere tierische Organismen. Da in dieser lichtlosen Tiefe keine organischen Stoffe durch eine Photosynthese gebildet werden können und mit einer Strömung aus der kühlen Oberflächenzone nur Sauerstoff, aber keine organischen Stoffe zugemischt werden, mußten lichtunabhängige Mikroorganismen als Nahrungsquelle für die Tiere dienen. Die Mikroorganismen in dieser dunklen Unterwasserwelt sind (chemolithotrophe) Bakterien, die anorganische Stoffe, die aus den heißen Quellen freigesetzt werden, für ihr Wachstum nutzen. Besonders reich vertreten sind die Schwefeloxidierer, die Schwefelwasserstoff zum Gewinn von Stoffwechselenergie und Kohlendioxid als Kohlenstoffquelle verwerten; sie stehen damit am Anfang einer bis dahin in der Tiefsee unbekannten Nahrungskette. Besonders beeindrukkend für Biologen war die Beobachtung, daß die Bartwürmer weder Mund noch After besaßen. Die Würmer leben in einer ganz engen Symbiose mit schwefeloxidierenden Bakterien. Die Tiere besitzen im Innern ein besonderes Gewebe (Trophosome), in dem die Schwefeloxidierer siedeln. Ihre Nahrung,

Schwefelwasserstoff, und den Sauerstoff zur Atmung, erhalten sie aus dem „Blut" der Würmer, deren Blutfarbstoff beide Stoffe bindet und zu dem Gewebe mit den Bakterien transportiert. Die Würmer verwerten organische Ausscheidungsprodukte der Bakterien und einen Teil der Bakterienzellen. Auch die anderen tierischen Organismen in dieser Tiefseewelt leben zum großen Teil in Symbiose mit Bakterien. Im Schlund von Muscheln fand man sogar eine doppelte Bakterienbesiedlung mit Schwefel- und Methanoxidierern als Untermieter.

Die ersten Beobachtungen der reich besiedelten Lebensräume in der Umgebung von heißen Unterwasserquellen verstärkte die Suche nach Bakterien, die noch Temperaturen über 100 °C (unter hohem Druck) in der Tiefsee und anderen Habitaten ertragen oder für ihr Wachstum benötigen. In unterschiedlichsten heißen wasserhaltigen Biotopen war man bei der Suche erfolgreich, z. B. in aktiven marinen und terrestrischen Vulkangebieten, kochenden Schlammlöchern, brennenden Kohlehalden, auch in heißen Böden antarktischer Vulkane und Erdöllagerstätten. Besonders interessant ist, daß viele Formen zu den Archaebakterien gehören (siehe Kapitel 10) und ihr Stoffwechsel von Schwefelverbindungen abhängt, auch unter sauerstofffreien Bedingungen. In den extrem heißen Habitaten siedeln Bakterien mit unterschiedlichen Stoffwechselwegen zum Energiegewinn. Bemerkenswert ist die Verwertung von anorganischen Verbindungen: So kann molekularer Wasserstoff (H_2) mit Sauerstoff veratmet werden; es entsteht, wie bei „normalen" Wasserstoffbakterien, Wasser, z. B. durch *Sulfolobus*. Diese Bakterien können aber auch Schwefel (S^0) mit Sauerstoff oxidieren. Noch interessanter sind die Arten (z. B. der Gattung *Pyrobaculum)*, die mit molekularem Wasserstoff in einer anaeroben Atmung Schwefel (S^0) zu Schwefelwasserstoff umwandeln oder Sulfat zur Oxidation nutzen, das dabei gleichfalls zu Schwefelwasserstoff reduziert wird. Diese Formen benötigen nur Kohlendioxid als Kohlenstoffquelle. Die anaeroben Schwefelatmer können somit wie methanbildende Bakterien in Habitaten leben, die völlig unabhängig vom Sonnenlicht sind. Diese Zellen haben damit die Fähigkeit, zu wachsen und sich zu vermehren, ohne Licht als Energiequelle oder organische Substrate und Sauerstoff aus einer Photosynthese zu benötigen. Die immer noch vertretene Schulmeinung, daß alles Leben auf der Erde direkt oder indirekt von der Photosynthese und damit von der Sonne abhängt, läßt sich somit nicht mehr aufrechterhalten. Diese Bakterien benötigen nur Stoffe vulkanischen Ursprungs. So läßt sich spekulieren, daß bakterienähnliche Lebewesen auch auf anderen Planeten leben, auf denen Wasserstoff und Schwefelverbindungen durch vulkanische Tätigkeit entstehen.

Reiche Lebensräume in der Tiefsee mit schwefelverwertenden Bakterien befinden sich nicht nur in der Nähe heißer Quellen, sondern auch an Bruchzonen der Erdplatten, aus denen nur kalte mineralreiche Flüssigkeiten austreten.

Sensationell war auch die Entdeckung, daß in der Movile-Höhle (Rumänien) sich eine vorher unbekannte Lebensgemeinschaft entwickelt hat. Das abgeschlossene Höhlensystem, das nur einen Luftaustausch mit der Außenwelt besitzt, ist vor über 5 Millionen Jahren entstanden. Sein Grundwasser ist reich an Schwefelwasserstoff und von einer Matte schwefeloxidierender Bakterien und von Pilzen bedeckt. Auch in dieser Lebensgemeinschaft mit vielen an das lichtlose Leben adaptierten wirbellosen Tieren, von denen über 30 Arten vorher noch nicht bekannt waren, stehen die Schwefeloxidierer wieder am Anfang der Nahrungskette.

6. Wechselwirkung von Bakterien mit anderen Organismen

Die Bedeutung von Bakterien und anderen Mikroorganismen liegt nicht nur darin, das ökologische Gleichgewicht auf der Erde aufrechtzuerhalten. Sie sind Nahrung für viele höhere Organismen und können – wie wir im vorangehenden Kapitel gesehen haben – besonders in extremen Lebensräumen, den

Anfang einer Nahrungskette bilden, sogar in engster Symbiose mit tierischen Organismen. Auch in unserer „normalen" Welt sind sie direkt am Aufschluß von schwer oder nicht verdaubarer Nahrung beteiligt oder Lieferant notwendiger Ergänzungsstoffe für das Wachstum höherer Organismen.

Bakterien und Nahrungsaufschluß

Eine große Anzahl von Tieren ernährt sich von Pflanzen oder Holz, die hauptsächlich aus Cellulose und Lignin bestehen. Im allgemeinen sind die Enzyme zum Abbau dieser polymeren Substanzen im Tier nicht vorhanden. Die pflanzen- und holzfressenden Tiere können somit nur in Symbiose mit Mikroorganismen leben, die ihnen die Nahrung aufschließen und außerdem zu dem einseitigen Substrat noch lebenswichtige Ergänzungsstoffe (z. B. Vitamine) liefern.

Pansensymbiose

Eine der auch wirtschaftlich wichtigsten Symbiosen ist die Pansensymbiose der Wiederkäuer (Ruminantia), zu denen beispielsweise Kühe, Schafe, Ziegen, Kamele, Giraffen gehören. Sie verwerten Pflanzenmaterial als Nahrung. Die hauptsächlichen Kohlenhydratquellen Gras, Heu und Stroh enthalten einen Celluloseanteil von 50% (neben vielen Fructosanen und Xylanen). Für die Wiederkäuer, die wie alle anderen Säugetiere keine Cellulase besitzen, wären somit sehr große Teile der Nahrung nicht verwertbar, wenn nicht wieder Mikroorganismen den Aufschluß der Nahrung übernehmen und den Tieren zusätzlich andere notwendige Wachstumsstoffe liefern würden.

Der Kuhmagen besteht aus vier Teilmägen. Die ersten zwei Abschnitte, Pansen und Netzmagen, stellen eine große Gärkammer dar, deren Inhalt bei der Kuh etwa 100 Liter beträgt. Das cellulosehaltige Futter gelangt gut zerkleinert und mit Speichel versetzt in den Pansen, wo unter Durchmischung die mikrobiellen Gärungen ablaufen (Abb. 16). Eine gute Puffe-

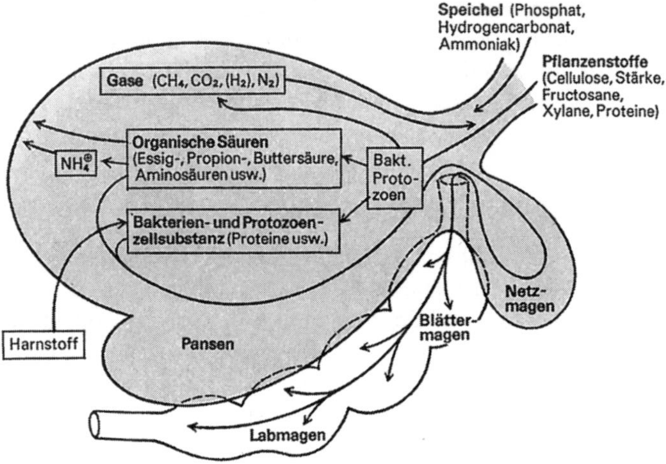

Abb. 16: Mikrobiologische Umsetzungen im Wiederkäuermagen (Pansen)

rung des Inhalts wird durch den Hydrogencarbonat- und Phosphatgehalt des Speichels erreicht (pH 5,8–7,3), der zusätzlich fortlaufend Mineralien und Ammoniak zuführt. Da außerdem eine konstante Temperatur (37–39 °C) herrscht und eine periodische Nachlieferung der Nährstoffe erfolgt, liegen ideale Wachstumsbedingungen für die symbiontischen Mikroorganismen vor. Das Futter gelangt vom Pansenabschnitt allmählich in den Netzmagen, wo es portionsweise wieder zurück ins Maul erbrochen und wiedergekäut wird. Nach erneutem Durchkauen wird das mikrobiologisch aufgeschlossene und vorverdaute Material wieder heruntergeschluckt. Diesmal gelangt es auf einem anderen Weg in den eigentlichen Magenteil, den Labmagen, wo es der normalen Verdauung unterliegt.

Die Zellzahl der Mikroorganismen ist im Pansen außerordentlich hoch. In einem Milliliter Panseninhalt befinden sich mehrere Millionen Protozoen (überwiegend Ciliaten) und mehrere Milliarden Bakterienzellen. Die Stoffwechselaktivität der Protozoen ist noch unklar. *Diplodinium-* und *Metadi-*

nium-Arten scheinen am Abbau der Cellulose, *Entodinium*- und *Epidinium*-Arten am Abbau der Stärke beteiligt zu sein.

Die wichtigsten stoffwechselphysiologischen Bewohner des Pansens sind aber die Bakterien, deren spezifische Vertreter streng anaerob sind. Ein großer Teil kann Cellulose zu Cellobiose und Glucose abbauen, die weiter fermentiert werden. Als Gärendprodukte reichern sich bevorzugt Fettsäuren (z. B. Essig-, Propion-, Butter-, Milchsäure) an, die auch aus dem Abbau anderer polymerer Kohlenhydrate (Stärke, Fructosane, Xylane) sowie den Pectinen, Proteinen und Peptiden gebildet werden. Daneben entstehen Methan, Kohlendioxid und Wasserstoff. Die Gasproduktion beträgt täglich etwa 900 Liter: durchschnittlich etwa 65% Kohlendioxid, 27% Methan, 7% Stickstoff, 0,18% Wasserstoff und Spuren von Schwefelwasserstoff (durch eine Sulfatreduktion von *Desulfotomaculum ruminis*). Das Gasgemisch wird durch Rülpsen ausgeschieden.

Die Wiederkäuer haben einen zweifachen Nutzen durch die symbiontischen Mikroorganismen: Die in der Gärung gebildeten Fettsäuren passieren die Pansenwand, werden vom Blut aufgenommen und stehen dem Tier für einen Energiegewinn in der Atmung zur Verfügung; außerdem gelangen unzählige Mikroorganismen mit dem aufgeschlossenen Futter in den Labmagen und Darm, wo sie als Kohlenstoff- und Stickstoffquelle verdaut und gleichfalls resorbiert werden.

Weiterhin versorgen die Pansenbakterien ihren Wirt auch mit Vitaminen, besonders der B-Gruppe (z. B. Biotin, Folsäure, Pantothensäure, Nicotinsäureamid) und Vitamin K, so daß die Wiederkäuer im Gegensatz zu anderen Säugetieren diese Vitamine nicht mit der Nahrung aufnehmen müssen. Da die Mikroorganismen den Aminosäure- und Vitaminbedarf decken, lassen sich Kühe proteinfrei ernähren.

Das symbiontische Zusammenleben ist auch für die Mikroorganismen vorteilhaft: Sie haben beste Wachstumsbedingungen, die zu einer außerordentlich hohen Populationsdichte führen. Auch wenn fortlaufend ein großer Teil von Einzelindividuen verdaut wird, bleiben doch die Arten in einer sicheren ökologischen Nische erhalten.

Darmflora des Menschen

Der menschliche Körper ist ein Schlaraffenland für Mikroorganismen. Auf und in uns leben Billionen Bakterien, zehnmal mehr als die Zellzahl des Körpers. Die meisten siedeln im Darm; die gebräuchliche Bezeichnung „Darmflora“ ist eigentlich falsch, da die Darmbewohner überwiegend Bakterien sind. Der Magen, dessen Salzsäure-Enzymgemisch einen pH-Wert von etwa 2 aufweist, ist für die meisten Bakterien eine wirkungsvolle Säurebarriere. Dementsprechend ist ihre Anzahl sehr gering. Doch Spezialisten wie *Helicobacter pylori* (10^1–10^3 pro ml) siedeln gerade in dieser so feindlichen Umgebung (siehe Kapitel 9).

Im oberen Teil des Dünndarms (Duodeum) sind durch den Zufluß von Säuren aus dem Magen noch relativ wenig Bakterien vorhanden. Im unteren Teil (Ileum) wird der pH-Wert alkalischer; dadurch steigt auch die Bakterienzahl auf 10^5–10^7 Zellen pro Gramm Trockenmasse an. Ein Schlaraffenland für Mikroorganismen ist der Dickdarm. Reich an Nährstoffen, geschützt von ungünstigen Umwelteinflüssen, bei etwa neutralen pH-Werten und konstanter Temperatur werden Bakterienzahlen von vielen Milliarden pro Gramm Trockenmasse erreicht (10^{10}–10^{12}). Das ist $^1/_4$–$^1/_3$ der gesamten Trockenmasse der Fäkalien.

Neben Bakterien beobachtet man, normalerweise aber in sehr geringer Anzahl, Hefezellen und Protozoen. Es wurden über 400 Bakterienarten isoliert und beschrieben. Die Darmbakterien sind hauptsächlich obligate Anaerobier (ca. 98 %); stäbchenförmige *Bacteroides*- und *Eubacterium*-Arten sowie Milchsäurebakterien sind in hoher Anzahl vertreten. Nur etwa 10 % der Darmbewohner sind obligate oder fakultative Aerobier. Die Konzentration des berühmtesten Darmbakteriums *Escherichia coli*, das zum Nachweis von Verunreinigungen mit Fäkalien dient, liegt unter 1 % der gesamten Bakterien. Als anaerobe Gasbildner sind noch Clostridien und methanbildende Bakterien zu nennen. Die Darmgase setzen sich überwiegend aus molekularem Stickstoff, dem Rest verschluckter Luft und den Gärgasen Methan, Wasserstoff und Kohlendioxid zusammen. Methanbildner sind aber nicht bei allen Menschen nachzuweisen. Die unangenehmen Gerüche der Fäkalien entstehen durch Freisetzen von Schwefelwasserstoff aus schwefelhaltigen Nahrungsmitteln. „Fäulnisdüfte" entwickeln sich auch beim Abbau von Eiweißen aus verschiedenen Aminosäuren durch Abspaltung von Kohlendioxid. Es bilden sich Amine wie Cadaverin, Putrescin und Agmatin (siehe Seite 53). Die Duftstoffe Indol und Skatol entstehen gleichfalls durch mikrobielle Umwandlung der Aminosäure Tryptophan: „Je mehr Fleisch man ißt, um so mehr riecht es." Die Duftnote ist somit stark von der Nahrungszusammensetzung abhängig.

Die regulären Darmbakterien unterstützen die Verdauung der Nahrungsmittel. Große Bedeutung hat auch die Produktion von kurzkettigen Fettsäuren, besonders Buttersäure, die zur Ernährung der Schleimhaut des Dickdarms beiträgt. Besonders wichtig ist ihre Synthese von speziellen Vitaminen der B-Gruppe (B12, B6), Folsäure, Biotin und Vitamin K. Durch spezielle Enzyme wird die Verwertung von komplexeren Kohlenhydraten gefördert. Sie können bestimmte Giftstoffe unschädlich machen. Andererseits entstehen erst durch den Umbau von komplexen Verbindungen für den Menschen giftige Stoffe. Wichtig ist auch die bakterielle Veränderung von Gallensäuren, die eine optimale Zusammensetzung der Gallenflüssigkeit gewährleistet. Die normale Darmflora stellt auch eine Schutzfunktion gegen viele obligate oder fakultative Krankheitserreger dar. Durch Erkrankung mit darmpathogenen Bakterien oder Viren kann das Gleichgewicht der Darmflora gestört werden, so daß es nicht nur zu Durchfällen, sondern auch zur Ansiedlung unerwünschter Mikroorganismen kommt, beispielsweise des Hefepilzes *Candida*. Die gleiche Zerstörung der ausgeglichenen Bakterienbesiedlung findet auch oft bei Einnahme von Antibiotika statt, so daß unerwünschte Bakterien überhandnehmen und Darmstörungen auftreten. Nach Absetzen der Medikamente tritt meist wieder der ursprüngliche, ausgewogene Zustand in der Zusammensetzung der Darm-Mikroorganismen ein.

Das Bakterienspektrum wird allgemein durch die Ernährung (Diät) beeinflußt. So lassen sich bei Fleischessern mehr *Bacteroides*-Arten, bei Vegetariern mehr Milchsäurebakterien und fakultativ aerobe Bakterien (*E. coli*) nachweisen. Aber auch die körperliche Verfassung beeinflußt die Zusammensetzung der menschlichen Fäkalien. Gründe für den Schutz der eigenen Darmbakterien gegen eine unerwünschte Darmbesiedlung liegen in der Konkurrenz um Nährstoffe und Wachstumsfaktoren, der Besetzung von Anheftungsstellen an den Darmwänden, der Bildung von Abwehrstoffen (Bakteriosinen) und bakteriengiftigen Stoffwechselprodukten. Auch die Absenkung des pH-Wertes und des Sauerstoffgehalts vermindern die Ansiedlung darmfremder Bakterien. Da der Darminhalt kontinuierlich entfernt wird, müssen sich die Keime stark vermehren können (1–2 × pro Tag) oder sich an den Schleimhäuten festsetzen.

Symbiontische Stickstoffixierung

Liegt im Boden nicht genügend gebundener Stickstoff (Nitrat [NO_3^-], Ammonium [NH_4^+]) vor, so vermögen einige höhere Pflanzen durch eine Symbiose mit stickstoffixierenden Bakterien sich den molekularen Luftstickstoff als Stickstoffquelle zu erschließen. Das symbiontische System, besonders zwischen Hülsenfrüchtlern (Leguminosen) und Knöllchenbakterien, führt zu bedeutend höheren Leistungen (über 100–300 kg N/ha pro Jahr) als die Fixierungsrate der freilebenden Bakterien (1–3 kg N/ha pro Jahr) und ist damit von hoher wirtschaftlicher Bedeutung. Die Fähigkeit von Leguminosen (z. B. Luzerne, Klee, Lupinen), den Boden wieder fruchtbar zu machen, ist in der Landwirtschaft schon lange bekannt und wurde früher, als die Mineraldüngung noch nicht üblich war, durch Fruchtwechsel und Gründüngungen genutzt.

Für die Besiedlung der verschiedenen Hülsenfrüchtlerarten und die Einstellung eines symbiontischen Gleichgewichts sind spezifische Bakterienstämme verantwortlich.

Die symbiontische Stickstoffixierung der Knöllchenbakterien (z. B. *Rhizobium*-Arten) mit Leguminosen ist das typische Beispiel einer echten (mutualistischen) Symbiose. Die Pflanze liefert den Bakterien Nährstoffe unter optimalen, geschützten Lebensbedingungen. Als Gegenleistung erhält die Pflanze gebundenen Stickstoff, der wahrscheinlich in Form von Aminosäuren (Alanin) von den Symbionten in die Pflanzenzellen gelangt. Ein Teil der Bakterien wird auch, wenn die Stickstoffbindung aufhört, von den Pflanzenzellen verdaut und dient als zusätzliche Stickstoffquelle.

Wurzelknöllchen mit einer Stickstoffixierung finden sich auch bei Nicht-Leguminosen, die oft als Pionierpflanzen in stickstoffarmen Biotopen vorkommen, z. B. eine Actinomyceten-Symbiose (*Frankia*) an den Wurzeln des Sanddorns.

Von großer wirtschaftlicher Bedeutung ist die Symbiose des Wasserfarns *Azolla* mit dem Cyanobakterium *Anabaena azollae*, das in indonesischen Reisfeldern und anderen Anbaugebieten von Wasserreis zu einer Anreicherung an gebundenem Stickstoff beiträgt und damit schon lange eine mineralische Stickstoffdüngung ersetzt.

Endosymbiontenhypothese und Protozoen als Wirt von phototrophen Mikroorganismen

Die meisten Einzeller, alle Tiere und Pflanzen besitzen in ihren Zellen Mitochondrien, deren Hauptaufgabe in der Verbrennung von Nährstoffen mit Sauerstoff besteht. In Pflanzenzellen befinden sich zusätzlich Chloroplasten, in denen die Photosynthese abläuft. Eine Reihe von zwingenden Hinweisen sprechen dafür, daß diese Organellen aus einer symbiontischen Beziehung von amöbenartigen, kernhaltigen Vorläuferzellen und ehemals freilebenden Bakterien hervorgegangen sind. Es wird angenommen, daß Bakterien, die einen Atmungsstoffwechsel besaßen, vor etwa 1,5 Milliarden Jahren von eukaryotischen Urformen aufgenommen wurden, zu einer Zeit, als sich Sauerstoff durch die Photosynthese von Cyanobakterien in der Erdatmosphäre angereichert hatte. Das Einfangen von photosynthetisch aktiven Prokaryoten erfolgte wahrscheinlich später.

Zugunsten der Endosymbiontenhypothese, die bereits 1890 von R. Altmann formuliert wurde, sprechen eine Reihe struktureller und funktioneller Unterschiede dieser Organellen im Vergleich zu den übrigen Zellbestandteilen der Pflanzen und Tiere. Beide Organellen enthalten wie Bakterien ringförmige DNA; doch entwickeln sie sich nicht unabhängig, da viele dafür notwendige Gene auf den Chromosomen im Kern der höheren Zellen lokalisiert sind. Mitochondrien und Chloroplasten besitzen auch eigene Ribosomen, die dem bakteriellen Typ entsprechen und somit kleiner als die Ribosomen der übrigen Zelle sind.

Die Mitochondrien sind wahrscheinlich aus Bakterien hervorgegangen, die der gramnegativen Entwicklungslinie der Purpurbakterien zugeordnet werden können. Es gibt heute noch primitive Einzeller (Protozoen, z.B. *Pelomyxa palustris*), die keine Mitochondrien enthalten, aber trotzdem einen Atmungsstoffwechsel aufweisen, der durch Bakterien in ihrem Cytoplasma aufrechterhalten wird.

Die Chloroplasten haben sich dagegen aus verschiedenen, den Cyanobakterien ähnlichen Prokaryoten entwickelt. Die Symbiose photosynthetischer Zellen mit anderen Zelltypen ist eine weit verbreitete Erscheinung. Bei einer Reihe heutiger Protozoen findet man symbiontische Cyanobakterien als Stoffwechselpartner eingeschlossen.

Die Endosymbiontenhypothese wird indirekt durch heute lebende, symbiontisch zusammenlebende Organismen gestützt.

Eine Zwischenstellung zwischen dieser nicht obligatorischen Symbiose und den Chloroplasten läßt sich bei „Cyanellen" (z.B. *Cyanophora paradoxa*) beobachten. Cyanellen sind wie Chloroplasten genetisch in der Wirtszelle integriert, weisen jedoch noch eindeutige, aber gegenüber freilebenden Cyanobakterien reduzierte oder abgewandelte bakterielle Merkmale auf. So besitzen sie keine oder nur eine unvollständige Zellwand und ein reduziertes Genom.

7. Einsatz in der Biotechnologie

Biotechnologische Verfahren wurden – wenn auch unbewußt – schon Jahrtausende vor Entdeckung der Mikroorganismen zur Herstellung und Konservierung von Nahrungsmitteln angewandt. Es sei an die Brotsäuerung, Herstellung von alkoholischen Getränken (alkoholische Gärung) und von Sauermilchprodukten erinnert. Mit Beginn der industriellen Produktion von Lösungsmitteln (Butanol und Aceton) im Ersten Weltkrieg und besonders der Penicillinherstellung im Zweiten Weltkrieg nahm die Biotechnologie einen gewaltigen Aufschwung. Neben der Produktion von Naturstoffen, Nahrungsmitteln, pharmazeutischen Produkten (Antibiotika) und Grundstoffen aus Biomasse für die chemische Industrie werden Mikroorganismen auch zur Modifizierung von Stoffen eingesetzt (= Biotransformation). Eine starke Erweiterung erhielt die Biotechnologie in den letzten Jahren durch die Notwendigkeit, neue, von Erdöl unabhängige Ressourcen (Rohstoffquellen) zu erschließen sowie zum Umweltschutz, um die Masse an Müll und industriellen Abfällen sinnvoll unter Wiedergewinnung von Rohstoffen (Recycling) und von Bioenergie zu beseitigen (Tab. 4). Eine Erzaufbereitung durch mikrobielle Laugung wird in einigen Ländern im großen Umfang durchgeführt. Vielversprechend sind auch Versuche, bestimmte Bakterien oder deren oberflächenaktive Stoffe (Tenside) zum verbesserten Herauslösen von Erdöl einzusetzen. Auch „Bioplastik" wird aus polymeren bakteriellen Stoffwechselprodukten (z. B. Poly-β-hydroxybuttersäure) gewonnen. Biologische Pflanzenschutzmittel für die Landwirtschaft sind weitere umweltfreundliche Produkte, die sich biotechnologisch im industriellen Maßstab gewinnen lassen. Die neuen molekularbiologischen Methoden der Genübertragung und Protoplastenfusion haben völlig neue Einsatzmöglichkeiten eröffnet. Durch das Zusammensetzen „synthetischer" Bakterien lassen sich auch besonders giftige Industrieabfälle oder andere umweltschädliche Stoffe abbauen. Großen Auf-

Tab. 4: Biotechnologisch gewonnene Produkte und Einsatzgebiete von Bakterien oder in denen Bakterien mit beteiligt sind (Auswahl).

- Lebens- und Futtermittel pflanzlicher Herkunft:
  1. Saure Gemüse (z. B. Sauerkraut Salzgurken, Oliven)
  2. Silage
  3. Asiatische Fermentationsprodukte (z.B. Soja-Sauce, Soja-Paste)
  4. Treibmittel für Brot (Sauerteig)
  5. Genußmittelfermentation (z. B. Kaffee, Tee, Tabak)
- Lebens- und Futtermittel tierischer Herkunft:
  1. Milch und Milchprodukte
  2. Sauermilcherzeugnisse
  3. Käse
  4. Starter- und Reifungskulturen für Käse
  5. Rohwurstherstellung
  6. Rohschinken
- Biomasseproduktion (Einzellerproteine, SCP)
- Alkoholische Getränke:
  1. Spezialbiere (mit Milchsäuregärung)
  2. Wein (2. Gärung)
- Produkte des Grundstoffwechsels (primäre Stoffwechselverbindungen oder Zellbestandteile):
  1. Organische Säuren (z. B. Essigsäure, Milchsäure)
  2. Aminosäuren (z. B. Glutaminsäure)
  3. Polysaccharide (z. B. Dextrane)
  4. Vitamine (z. B. Vitamin B12, Vitamin C)
  5. Lösungsmittel (z. B. Ethanol, Butanol, Aceton)
  6. Lipide und Fettsäuren
  7. Nucleoside und Nucleotide (Aromastoffe)
  8. Enzyme (z. B. Proteasen, Amylasen, Pectinasen, Glucose-Isomerase, Enzyme für die Gentechnik)
- Sekundäre Stoffwechselprodukte u. a. pharmakologisch wirksame Substanzen:
  1. Antibiotika (z. B. Streptomycin, Tetracyclin, Aminoglykoside)
  2. Alkaloide, Hormone u. a. Pharmaprodukte (z. B. Human-Insulin, Human-Interferone, menschliches Wachstumshormon [HGH], Gewebe-Plasminogen-Aktivator [TPA], 11-Hydroxyprogesteron)
- Biotransformation:
  1. Steroide, Hormone (z. B. Cortisol, Prednisolon)
  2. Prostaglandine
- Rohstofferschließung:
  1. Biologische Erzlaugung (z. B. Kupfer-, Uran- und Goldgewinnung)
- Umweltbiotechnologie:
  1. Kläranlagen
  2. Trinkwasseraufbereitung
  3. Abluftreinigung (Biofilter)
  4. Abfallbeseitigung
  5. Problemstoffabbau (z. B. halogenierte Pestizide, TNT [Trinitrotoluol])
  6. Kohleentschwefelung
- Gewinnung von Energieträgern:
  1. Methan (Biogas)
  2. Wasserstoff
- Einsatz in der Landwirtschaft:
  1. biologische Pestizide (z. B. *Bacillus-thuringiensis*-Präparate[BTI])
  2. Ausbringen von bestimmten Mikroorganismen zur Verbesserung der Bodenstruktur u. Produktivität (z. B. N_2-fixierende Bakterien)
- Kunstschneeherstellung (bestimmmte *Pseudomonas*-Stämme)

schwung brachte der Einsatz der Gentechnologie, um „neue“, maßgeschneiderte Mikroorganismen oder Zellen zu konstruieren, die zur Produktion bestimmter Stoffwechselprodukte eingesetzt werden können oder durch die die Zellen erwünschte Eigenschaften erhalten oder unerwünschte verlieren. Gegenüber der synthetischen Chemie haben die biologischen Produktionsverfahren eine Reihe von Vorteilen: geringer Energieverbrauch (niedere Temperaturen, Normaldruck); Wasser als Reaktionsmedium; vielfach einfache Ausgangsstoffe, wie billige Biomasse, ungefährliche Nebenprodukte oder Abfälle; relativ einfache Synthese vieler sehr komplizierter Substanzen, die oft schwierige, aufwendige und kostspielige chemische Synthesestufen einsparen, und Stereospezifität der Synthese; oft hohe Ausbeute. In vielen Fällen hat sich trotz aller Vorteile die biologische Verfahrensweise nicht durchsetzen können, da sie im Vergleich zur chemischen Synthese (noch) zu teuer ist oder ethische Bedenken den Einsatz erschweren. Die Tabelle 4 und die folgenden (wenigen) Beispiele sollen aufzeigen, auf wie vielen unterschiedlichsten Gebieten Bakterien bereits als „Nutztiere“ vom Menschen eingesetzt werden.

Sauermilchprodukte und Käse

Zum Haltbarmachen und Herstellen gesäuerter Nahrungs- und Futtermittel haben die Milchsäurebakterien eine überragende Rolle (vgl. Tab. 5). Dabei sind folgende Stoffwechselaktivitäten wichtig:

1. Die Vergärung von Milchzucker (oder anderen Zuckern) zu Milchsäure; der Abfall des Säurewertes auf pH 5,6–4,0 verhindert das Wachstum von Fäulnisbakterien (besonders Clostridien), Staphylokokken, Enterobakterien und psychrophile, gramnegative Bakterien, wie *Pseudomonas*). In der Milch wird durch diese Ansäuerung auch das Milcheiweiß (Casein) ausgefällt.
2. Die Bildung von Aromakomponenten; besonders wichtig ist Diacetyl, das Butteraroma.

Tab. 5: Lebens- und Futtermittel, bei deren Herstellung Milchsäurebakterien eingesetzt werden oder mit beteiligt sind (Auswahl).

Sauerrahmbutter	Buttermilch
Sauermilchkäse	Labkäse
Joghurt	Kumiß
Kefir	Sauerkraut
gesäuerte Gemüse	Mixed Pickles
Salzgurken	Oliven-Fermentation
silierte Pilze	gesäuerte Futtermittel (Silage)
Kaffee-Fermentation	gepökelter Rohschinken
besondere Biersorten (einige Weizenbiere)	Wein-Nachgärung (biol. Entsäuerung, Malo-Lactat-Gärung)
Dextran-Herstellung	Sake
reine Milchsäure	fermentierte Sojaprodukte
Sauerteig (Roggenbrot)	Soja-Sauce (Shoyu)
Rohwurst	Soja-Paste (Miso)

3. Die Abgabe von proteinabbauenden Enzymen (Proteasen), die zur Reifung von Käse beitragen und keine schädlichen oder unangenehmen Abbauprodukte bilden.

Zur Herstellung von Sauermilchprodukten wird die Milch meistens pasteurisiert und Säurewecker (Starterkulturen) zugesetzt, die Milchzucker in Milchsäure umwandeln. In Molkereien wird auch bei nicht pasteurisierter Milch die Herstellung von Sauermilch und anderen Milchprodukten durch Zusatz von Reinkulturen gestartet, um die Säure- und Aromastoffbildung besser kontrolliert ablaufen zu lassen. Die verschiedenen Sauermilchprodukte werden durch Milch von verschiedenen Tierarten, den Zusatz unterschiedlicher Mikroorganismen und die Bebrütung in bestimmten Temperaturbereichen gewonnen. Dadurch werden verschiedene Fermentationsprodukte ausgeschieden, die den jeweiligen Erzeugnissen den für sie typischen Geschmack verleihen.

An der Käsereifung bestimmter Käsesorten (z. B. Emmentaler) sind neben den Milchsäurebakterien (z. B. *Lactobacillus casei, Lactococcus lactis*) auch Propionsäurebakterien beteiligt. So werden die Löcher im Emmentaler Käse hauptsächlich durch eine Anhäufung von Gärungs-CO_2 aus dem Stoffwechsel der Propionsäurebakterien verursacht. Kleine Löcher in Hartkäsen entstehen durch die Entwicklung von CO_2 in einer heterofermentativen Milchsäuregärung oder im Citratabbau durch Milchsäurebakterien.

Probiotische Sauermilchprodukte

In der Werbung werden verstärkt „probiotische" (lebensfördernde) Sauermilchprodukte, z.B. bestimmte Joghurtsorten, angepriesen. Diese Produkte enthalten ausgewählte Milchsäurebakterien, die die Darmflora günstig beeinflussen, die Abwehrkräfte stärken und somit für ein allgemeines Wohlbefinden sorgen sollen. Die verwendeten Stämme der Milchsäurebakterien wurden aus dem menschlichen Darm isoliert und auf eine hohe Toleranz gegenüber Säuren und Gallensäuren sowie auf ein gutes Anheften an Magenschleimhautzellen selektioniert. Wieweit diese ausgewählten Stämme, beispielsweise von *Lactobacillus acidophilus,* im Darm des Menschen ihre positiven Eigenschaften entfalten, unter anderem auch die Anheftung pathogener Keime verhindern können, ist noch nicht eindeutig geklärt. Es muß auch bedacht werden, daß trotz einer relativ hohen Bakterienzahl im Joghurt nur 1 probiotisches Milchsäurebakterium auf etwa 20000 andere Darmbakterien trifft. Außerdem muß davon ausgegangen werden, daß die bereits im Darm angesiedelten „eigenen Milchsäurebakterien" bereits speziell angepaßte Stämme umfassen. Nicht auszuschließen ist jedoch eine „Sanierung" der Darmflora mit probiotischen Stämmen und Milchsäurebakterien aus anderen Sauermilchprodukten, wenn nach Darmerkrankungen oder einer Antibiotikaeinnahme die ausgeglichene Zusammensetzung der Darmflora gestört ist.

Proteinsynthese (Einzellerproteine)

Die immer weiter wachsende Erdbevölkerung erfordert eine steigende Produktion an Nahrungsmitteln. Neben verbesserten landwirtschaftlichen Anbaumethoden und der Züchtung ertragreicherer Pflanzen, könnte auch die Biotechnologie einen wesentlichen Beitrag zur direkten Versorgung mit Futter- und Nahrungsmitteln leisten. Da Mikroorganismen besonders schnell wachsen und einen hohen Proteingehalt besitzen, sind eine Reihe von Verfahren entwickelt worden, um Bakterien, Hefen und andere Pilze direkt als Proteinlieferanten zu züchten. Die mikrobielle Biomasse, die ganzen Zellen, werden als Einzellerprotein (single cell protein, SCP) bezeichnet. Die Anzucht erfolgt auf landwirtschaftlichen Abfall- und industriellen Nebenprodukten oder auf Komponenten des Erdöls, besonders Kohlenwasserstoffen und niederen Alkoholen.

Als Nahrungsmittel für den Menschen müssen die Mikroorganismen aber erst aufbereitet werden, da sie Allergien auslösen und durch ihren hohen Nucleinsäuregehalt Stoffwechselstörungen verursachen können. Der Mensch besitzt im Gegensatz zu vielen Tieren kein harnsäureabbauendes Enzym (= Uricase). So häuft sich beim Abbau von Nucleinsäuren im Körper Harnsäure an, die eine Gallensteinbildung und Gicht auslösen kann.

Antibiotikaproduktion

Die Entdeckung des Penicillins (1929 durch A. Fleming) und anderer therapeutisch anwendbarer Antibiotika hat zu einem gewaltigen Aufschwung einer neuen biologisch-technischen Industrie geführt. Antibiotika werden hauptsächlich am Ende der Wachstumsphase bestimmter Mikroorganismen gebildet. Da ihre Synthese nicht direkt mit dem Wachstumsstoffwechsel zusammenhängt, werden sie zu den sekundären Metaboliten (wie die sekundären Pflanzenstoffe) gerechnet. Die meisten Antibiotikabildner findet man bei den Streptomyceten, einigen anderen Bakterien (Bacillen) und bei Pilzen (*Penicillium*, *Cephalosporium*). Sie kommen alle im Boden vor, aus dem sich auch Antibiotika isolieren lassen. Es ist daher möglich, daß unter natürlichen Bedingungen durch Ausscheidung dieser „Kampfstoffe“ ein Selektionsvorteil für Antibiotikabildner besteht.

Die wichtigsten bakteriellen Antibiotikabildner gehören zur Gruppe der Streptomyceten (Gattung *Streptomyces*), die im Boden leben und ein mycelartiges Wachstum aufweisen.

Von 1940 bis heute sind mehrere tausend Antibiotika isoliert und aufgeklärt worden, davon sind aber nur etwa 160 therapeutisch anwendbar. Die Suche nach neuen Antibiotikabildnern ist heute wieder zu einer Hauptaufgabe in den Laboratorien der pharmazeutischen Industrie geworden, da nicht mehr alle durch Mikroorganismen verursachten Krankheiten wirkungsvoll bekämpft werden können und da durch die starke Zunahme der Antibiotikaresistenz bei den Krankheitserregern diese Abwehrwaffen in vielen Fällen stumpf geworden sind (siehe Kapitel 9).

Mit chemischen Veränderungen der Grundstruktur und der Anheftung anderer Seitenketten wird versucht, den Antibiotika für therapeutische Zwecke günstigere Eigenschaften zu verleihen (z. B. bessere Aufnahme, Verteilung im Körper, weniger Nebenwirkungen) und die Medikamente, gegen die schon viele Krankheitserreger resistent sind, wieder wirksamer zu machen.

Biologische Waffen

Die schnellen Fortschritte in der Biotechnologie ermöglichen auch eine verbesserte und schnellere Massenanzucht von gefährlichen Keimen, die als biologische Waffen (B-Waffen) einsetzbar sind. Diese unscheinbaren Waffen können nicht nur Terrorgruppen zur Verseuchung von Trinkwasser nutzen, sondern auch mit Raketen über große Entfernungen ins feindliche Zielgebiet geschossen werden.

Nach historischen Aufzeichnungen sind bereits römische Soldaten „Erfinder“ dieser Kriegsführung. Sie sollen mit Tierkadavern Trinkwasser verseucht haben, um die Feinde mit Krankheitserregern zu infizieren und ihren Widerstand zu schwächen. Glaubt man der geschichtlichen Überlieferung, so war der Einsatz von Pestbakterien Ursache einer verheerenden Pandemie. Tataren belagerten 1343 die Stadt Caffa auf der Insel Krim, in der Genueser Kaufleute mit ihren kostbaren Waren aus China Zuflucht gefunden hatten. Nachdem im Lager der Belagerer die Beulenpest ausgebrochen war, katapultierten sie nicht mehr Felsbrocken, sondern die Pestleichen in die Stadt, so daß auch dort die Krankheit ausbrach und die Kaufleute panikartig die Flucht ergriffen. Möglicherweise war dies der Ausgangspunkt für die Ausbreitung der Pest über ganz Europa, durch die zwischen 1347–1357 etwa 25 Millionen Menschen dahingerafft wurden.

In diesem Jahrhundert scheinen die Japaner als erste B-Waffen eingesetzt zu haben. 1941 wurden von japanischen Kampfflugzeugen Erreger der Beulenpest (*Yersinia pestis*) über China versprüht. Im Zweiten Weltkrieg begann auch in Deutschland und anderen Ländern die Erforschung biologischer Waffen. Die britische Regierung veranlaßte 1943 einen Freilandversuch auf der schottischen Insel Gruinard mit Milzbrandbakterien (*Bacillus anthracis*), ohne die Folgen zu bedenken. Der Sinn dieser Experimente ist heute nicht mehr nachvollziehbar. Nach mehrfacher Desinfektion der Insel ist eine erneute Besiedlung immer noch nicht ohne Risiko möglich.

Da die Milzbranderreger sich leicht, ohne hohe Kosten in Massen züchten lassen und die Lagerung unauffällig erfolgen kann, wird angenommen, daß eine Reihe von Staaten diese „Waffe“ gehortet halten. Wie hoch die Gefahr der B-Waffen in militärischen Kreisen – trotz internationaler Ächtung (1972) – eingeschätzt wird, läßt sich daran erkennen, daß im Golfkrieg englische und amerikanische Soldaten – ohne ihr Wissen – gegen Milzbrand oder Botulismus geimpft wurden. In den USA wurde beschlossen (1997), die in der Golfregion stationierten und später alle Soldaten zumindest gegen Milzbrand zu impfen.

Neben der „Ideal-Waffe“ Milzbranderreger wurden eine Reihe anderer Bakterien auf ihre Verwendbarkeit geprüft, beispielsweise die Erreger von Pest (*Yersinia pestis*), Cholera (*Vibrio cholerae*), Eiter (Staphylokokken) und von Q-Fieber (*Coxiella burnetii*). Möglich wäre auch der Einsatz von Bakterientoxinen (z. B. Botulinustoxin).

Der Einsatz von B-Waffen schließt relativ hohe Risiken ein, da er von ökologischen und meteorologischen Bedingungen abhängig ist und leicht eine unkontrollierte Ausbreitung erfolgen kann. Die Verseuchung großer Gebiete durch Bakterien kann sehr schnell eintreten, wie Ausbreitungsversuche in den USA (bis 1969) – ohne Information der Zivilbevölkerung – zeigten. Das beeindruckendste bekannte Beispiel war die Freisetzung von Sporen des Heubacillus (ein harmloser Verwandter des Milzbranderregers) im U-Bahn-System von New York. Das Ergebnis übertraf alle Befürchtungen. Bereits nach Freisetzung an *einer* U-Bahn-Station verbreiteten sich die Sporen über das gesamte Tunnelsystem.

8. Nachweis von Bakterien als Krankheitserreger und die Zeit der Mikrobenjäger

Die Ahnung, daß kleinste Lebewesen Krankheiten verursachen können, ist bereits von dem großen Gelehrten Marcus Terentius Varro im 1. Jahrhundert v. Christus in seinem Buch „De re rustica" vermerkt worden. Er schreibt, daß an sumpfigen Orten kleinste, mit dem Auge nicht mehr wahrnehmbare Tiere gedeihen, die durch die Luft verbreitet, durch Mund und Nase in den Körper dringen und hier Krankheiten hervorrufen. Nach C. Galenos, einem berühmten griechisch-römischen Arzt des alten Rom (129–199 n. Chr.), der durch Sokrates in seinen Überlegungen beeinflußt wurde, gibt es zwei Ursachen für Seuchen: die Miasmen und die Kontagien. Die Miasmen sind giftige Dämpfe, Ausdünstungen von Sümpfen oder faulendem Material, ausgelöst durch besondere Stellung von Planeten und Kometen. Das Kontagium, der

„Ansteckungsstoff", wird durch Anfassen von Kranken oder von Gegenständen, die Kranke berührt haben, übertragen. Seine Ansichten wirkten bis ins Mittelalter. Die Vermutung, daß Krankheiten ansteckend sind, führte dazu, daß es bereits vor jeglicher Kenntnis von Mikroorganismen eine Ausgrenzung von Erkrankten gab; so wird etwa in der Bibel die Isolierung von Aussätzigen (Leprakranken) erwähnt.

Die Grundlagen zur Übertragung von Krankheiten lassen sich auf Fracastoro von Verona (1478–1553) zurückführen. Nach sorgfältigen Studien von Epidemien, einschließlich Pest und Syphilis, beschrieb er in seinem Werk „De contagionibus et contagiosis morbis et eorum curatione", daß das Kontagium belebte Keime „seminaria morbi" sind, die jeweils nur eine ihr eigene, gleichartige Krankheit verursachen. Die Ansichten von Fracastoro fanden keine allgemeine Anerkennung, und die Vorstellung von einem *Contagium animatum* als belebtem Ansteckungsstoff wurde abgelehnt und dann nahezu vergessen.

Erst 300 Jahre später (1840) spricht sich Jacob Henle (1809–1885) eindeutig für die belebte Natur von Krankheitserregern aus. In seinem Werk „Von den Miasmen und Kontagien und von den miasmatisch-kontagiösen Krankheiten" stellt er fest, daß die Kontagien nicht nur organischer Natur, sondern auch belebt sind; er legte dar, daß Miasma und Kontagium identische Stoffe sind. Über die Organismenform der „infizierenden Materie" machte er jedoch keine klaren Angaben.

Die Entdeckung von L. Pasteur (1856), daß Bakterien Nahrungsmittel verderben, sie „krank" machen, lenkte die Aufmerksamkeit auf diese „animalcula" als Ursache von Krankheiten bei Mensch und Tier.

Bereits 1671 berichtete der Jesuit A. Kircher zum ersten Male von kleinsten Lebewesen („Insekten") in Luft, Wasser und Erde. Nach seinen Beobachtungen wimmelt es in faulenden Stoffen von einer zahllosen Brut kleinster „Würmchen". Im Eiter Pestkranker will er auch winzige wurmartige Gebilde (Vermiculi pestis) gesehen haben (1658) und brachte seine „Würmer" mit Seuchen in Beziehung. Der Zusammenhang zwischen Fäulnis, Gärung und Krankheit wurde besonders deutlich von dem Wiener Arzt M. A. Plenciz (1762) herausgearbeitet. Es lag nahe, jene „Würmchen", die organische Stoffe zum Faulen und Gären brachten, auch mit der Veränderung von menschlichen Säften in Verbindung zu bringen, Veränderungen, die den Menschen innerlich verfaulen ließen. Es stellte sich jedoch bald heraus, daß die gewöhnlichen Gärungs- und Fäulniserreger nicht die gesuchten Krankheitserreger des Menschen sein konnten.

Die großen Erfolge im Kampf gegen Blutvergiftungen (Sepsis) nach Einführung von Sterilisation und Desinfektion (mit Karbolsäure) durch J. Lister (1867) bei chirurgischen Eingriffen, um Infektionen aus der Luft zu verhindern, waren deutliche Hinweise für Mikroorganismen als Krankheitserreger des Menschen. Schon 1850 hatte I. Semmelweis postuliert, daß Kindbettfieber übertragbar sei und Ansteckungen durch antiseptische Untersuchungsmethoden stark verringert werden könnten; seine Beweise wurden aber nicht allgemein anerkannt.

Die ersten Bakterien, die mikroskopisch in Blut und Milz von kranken Tieren und Menschen erkannt wurden, waren die stäbchenförmigen Milzbrandbakterien (A. Pollender, C. J. Davaine, M. Rayer u. a., 1849/1850). Später (1863/68) postulierte Davaine, daß seine fädigen Körperchen („Bactéridies") die lebenden Erreger des Milzbrandes seien. Es gelang ihm auch, mit dem Blut kranker Tiere die Krankheit auf gesunde Tiere zu übertragen. Tiegel (1871) wies außerdem mit keimfrei filtriertem Blut nach, daß die „Stäbchen" für eine Übertragung der Krankheit erforderlich sind. Den strengen, eindeutigen Beweis, daß bestimmte Bakterien die Erreger des Milzbrandes sind und diese Krankheit nur von diesen Bakterien hervorgerufen wird, erbrachte erst Robert Koch (1876).

In einer Reihe von Untersuchungen des Milzbrandes in Rindern konnte er zeigen, daß immer die gleichen Bakterien, *Bacillus anthracis* (Abb. 17), in den kranken Tieren zu finden sind, daß mit diesen Bakterien auch Mäuse infiziert werden können, daß Reinkulturen der Bakterien in sterilem Serum

Abb. 17: Zeichnungen von Entwicklungsstadien des Milzbranderregers *Bacillus anthracis* (nach Robert Koch, 1877). Die *Bacillus*-Stäbchen (Fig. 8, b, rechts) bleiben oft zusammen, so daß sich lange Fäden bilden (Fig. 10 und oben links). Das perlschnurartige Aussehen (Fig. 4, 11) ist auf die Bildung stark lichtbrechender Endosporen in den Einzelzellen zurückzuführen.

Sporen bilden, die in frischem Serum wieder auskeimen, und daß eine Infektion gesunder Tiere mit Bakterien aus den Reinkulturen auch nach acht Passagen zur Erkrankung mit den typischen Krankheitsbildern führt und die gleichen Bakterien wieder in Reinkultur isoliert werden können.

Aufgrund der Ergebnisse der Untersuchungen mit dem Milzbranderreger und den Untersuchungen über die Ursache (Ätiologie) der Tuberkulose und den Forderungen von J. Henle formulierte R. Koch eine Reihe von Kriterien (Kochsches Postulat), die zum Nachweis eines kausalen Zusammenhanges zwischen einem spezifischen Organismus und einer spezifischen Krankheit erfüllt sein müssen.

Das Kochsche Postulat:

1. Der Mikroorganismus muß in jedem Stadium der Krankheit vorhanden sein.
2. Der Mikroorganismus muß vom erkrankten Wirt isoliert und in Reinkultur gezüchtet werden.
3. Werden empfängliche gesunde Tiere mit Keimen aus der Reinkultur infiziert, müssen die spezifischen Krankheitssymptome auftreten.
4. Der Mikroorganismus muß aus dem erkrankten Tiere re-isoliert werden und in Reinkultur dem ursprünglichen Mikroorganismus entsprechen.

Das Kochsche Postulat ist jedoch auch bei einer Reihe von bakteriellen Krankheiten nicht erfüllbar, da z.B. eine Reihe von obligat parasitischen Krankheitserregern nicht in Reinkultur wachsen.

Der eindeutige Nachweis, daß Bakterien auch für Krankheiten des Menschen verantwortlich sind, löste eine explosionsartige Suche nach neuen mikrobiellen Krankheitserregern aus. Es begann das Zeitalter der „Mikrobenjäger" – ein leidenschaftliches Wettrennen, ein heftiger Wettstreit zwischen L. Pasteur und R. Koch. In wenigen Jahren von 1884–1911 wurde eine Reihe der wichtigsten bakteriellen Krankheitserreger, z.B. der Cholera, Diphtherie, des Typhus, Wundstarrkrampfs und der Syphilis entdeckt (Tab. 6).

9. Wiederkehr alter Seuchen, neu entdeckte bakterielle Krankheiten und neue gefährliche Stämme altbekannter Erreger

Vor drei Jahrzehnten glaubte man zu optimistisch, alle Infektionskrankheiten ausrotten oder mindestens so weit unter Kontrolle halten zu können, daß sie keine tödliche Gefahr mehr darstellen. Durch hygienische Maßnahmen, wirkungsvolle Medikamente und Impfungen schien der Kampf gegen die bakteriellen Krankheitserreger gewonnen zu sein. Diese Einschätzung, daß keine Gefahr von Seuchen mehr ausgehe,

Tab. 6: Zeittafel der wichtigsten Entdeckungen bakterieller Krankheitserreger

1658 Athanasius Kircher beschreibt die „vermiculi pestis“ im Eiter Pestkranker

1849/55 Franz Aloys Pollender beobachtete „stäbchenförmige Gebilde“ im Blut milzbranderkrankter Tiere

1863 Casimir Joseph Davaine hält Milzbrand-Stäbchen für die Krankheitsursache

1868 Otto Obermeier findet „fadenförmige Gebilde“ (Spirochaeten) im Blut Rückfallfieber-Kranker

1871/1873 Armauer Hansen: Nachweis stäbchenförmiger Körperchen im Gewebe von Leprapatienten (*Mycobacterium leprae*)

1876 Robert Koch: *Bacillus anthracis* [Milzbrand]

1879 Albert Neisser: *Neisseria gonorrhoeae* (mikroskop. Nachweis) [Gonorrhoe = Tripper]

1880 Carl Eberth: *Salmonella typhi* (mikroskop. Nachweis) [Typhus]

1881 Alexander Ogston: *Streptococcus pyogenes* [Scharlach, Haut- und Wundinfektion]

1882 Robert Koch: *Mycobacterium tuberculosis* [Tuberkulose = Schwindsucht]

1883 Edwin Klebs: *Corynebacterium diphtheriae* (mikroskop. Beobachtung) [Diphtherie]

1883 Robert Koch: *Vibrio cholerae* [Cholera]

1884 Grag Gaffky: *Salmonella typhi* [Typhus]

1884 Friedrich Loeffler: *Corynebacterium diphtheriae* [Diphtherie]

1884 Arthur Nicolaier: *Clostridium tetani* (mikroskop. Nachweis) [Tetanus = Wundstarrkrampf]

1886 Albert Fraenkel: *Streptococcus pneumoniae* (Pneumokokken) [Streptokokken-Lungenentzündung]

1887 David Bruce: *Brucella melitensis* [Brucellosen, Malta-Fieber]

1887 Anton Weichselbaum: *Neisseria meningitidis* [eitrige Hirnhautentzündung]

1888 August Gärtner: *Salmonella enteritidis* [Gastroenteritiden, Magen-Darm-Erkrankungen]

1889 Shibasaburo Kitasato: *Clostridium tetani* [Tetanus]

1892 Friedrich Loeffler: *Salmonella typhimurium* [Typhus]

1892 Richard Pfeiffer: *Haemophilus influenzae* [eitrige bakterielle Meningitiden (Hirnhautentzündung)]

1894 Alexander Yersin, Shibasaburo Kitasato: *Yersinia pestis* [Pest]

1896 Emile Pierre van Ermengem: *Clostridium botulinum* [Botulismus-Nahrungsmittelvergiftung]

1898 Kiyostri Shiga: *Shigella dysenteriae* [Shigellose, bakterielle Ruhr]

1905 Fritz Schaudinn u. Erich Hoffmann: Nachweis von Spirochaeten als Syphiliserreger

hat sich aber als großer Irrtum erwiesen. Nicht nur aggressive Viren bedrohen den Menschen, z. B. Aids und Ebola, sondern auch altbekannte, scheinbar besiegte und fast vergessene bakterielle Krankheitserreger und neu entdeckte Bakterien bedrohen uns.

An erster Stelle ist die Tuberkulose zu nennen. Die Weltgesundheitsorganisation (WHO) rechnet für den Zeitraum 1990–2000 mit weltweit 80 Millionen TBC-Erkrankungen, davon bis zu 30 Millionen mit tödlichem Ausgang. Auch die alte Menschheitsgeißel Cholera breitet sich wieder stark aus, besonders in Mittelamerika und in Bürgerkriegsgebieten sowie nach Naturkatastrophen in Afrika. Außerdem ließen sich auch neue Krankheitserreger isolieren, wie *Legionella pneumophila,* den Erreger der „Legionärskrankheit". Sensationell war auch die Entdeckung, daß ein Bakterium, *Helicobacter pylori,* für Entzündungen der Magenschleimhaut verantwortlich ist.

Für den Ausbruch und die Ausbreitung alter und neuer Krankheitserreger spielen mehrere Faktoren eine wichtige Rolle. Die Überbevölkerung in Ländern mit schlechten hygienischen Verhältnissen, besonders der Mangel an sauberem Trinkwasser, sind immer noch Ausgangspunkt für sich weltweit verbreitende Krankheiten (z. B. Cholera und Typhus). Durch Umweltveränderungen und -zerstörungen sowie ein verändertes Zusammenleben von Mensch und Tier werden neue Infektionswege geschaffen und die Erreger von tierischen Reservoiren übertragen. Auch der Massentourismus von Kontinent zu Kontinent mit vielfältigen Kontakten mit anderen Menschen erhöht das Erkrankungsrisiko.

Aber nicht nur neue Infektionswege stellen eine Gefahr dar. Es treten zunehmend aggressivere (virulentere) Stämme bekannter Krankheitserreger auf, die tödliche Erkrankungen auslösen. Die Bedrohung, auch in Industrienationen, wird besonders gefährlich, da immer mehr Stämme wichtiger Krankheitserreger gegen unsere wichtigste Waffe, die Antibiotika, unempfindlich (resistent) werden.

Antibiotika und Anitbiotikaresistenz

Bereits nach Entdeckung des Penicillins (1929) warnte Fleming vor möglichen Folgen bei einem massiven Einsatz dieses Antibiotikums. Er hatte beobachtet (1945), daß auf Bakterienplatten nach Zugabe von Penicillin nicht alle Zellen abgetötet wurden, sondern sich noch einzelne Kolonien entwickelten, die somit resistent gegen Penicillin sein mußten. Seine Folgerung war, daß bei ungenügendem oder unkritischem Einsatz dieser Mittel eine Anreicherung dieser gefährlichen Keime eintreten könnte. Diese Annahme von Fleming hat sich leider voll bestätigt. Es gibt heute bereits Bakterien (Enterokokken), die nicht nur gegen Penicillin, sondern gegen keines der gebräuchlichen Antibiotika mehr empfindlich sind. Wenn nicht völlig neue Antibiotikaklassen gefunden werden, könnten wir uns einer postantibiotischen Ära nähern, mit den gleichen Problemen wie vor Einführung der Antibiotika. Die Ausbreitung der resistenten Keime wurde durch die weltweit zu oft und zu unbedachte Anwendung beschleunigt. Ein besonders gefährliches Reservoir mehrfachresistenter Bakterien scheint die Fäkalflora von Masttieren, Schweinen und Geflügel zu sein. Der massive Einsatz von Antibiotika, die teilweise der gleichen Stoffklasse angehören wie die in der Humanmedizin verwandten, selektioniert die resistenten Bakterien (z.B. Enterokokken). Über die Nahrungskette gelangen diese Keime direkt in den Menschen oder werden in Krankenhäusern von Patienten auf andere Kranke weitergegeben. Die Gefahr stellen nicht nur die unter dem Selektionsdruck angereicherten resistenten Keime dar, sondern auch die schnelle Übertragung von Resistenzgenen auf Stämme der gleichen Bakterienart und sogar andere Arten. So konnte bereits nachgewiesen werden, daß die Vancomycin-Resistenz von Enterokokkenstämmen auf *Staphylococcus aureus,* den wichtigsten Eitererreger des Menschen, erfolgen kann. Sollte sich diese Resistenz ausbreiten, wären 50% aller Fälle von Blutvergiftungen (Sepsis) nicht mehr zu behandeln. Inzwischen konnte in (noch) seltenen Fällen *Staphylococcus aureus* nicht mehr oder nur noch mit extrem hohen Dosen des Antibiotikums Vancomycin bekämpft werden.

Bei den Resistenzen wird zwischen den natürlichen (primären) und den erworbenen (sekundären) Resistenzen unterschieden. So sind alle Enterokokken gegen Cephalosporin-Antibiotika unempfindlich. Andere Bakterien übernehmen die Resistenz erst durch Aufnahme der entsprechenden Gene aus den resistenten Bakterien. Dabei können bei gleichen Bakterien Teile des Chromosoms mit den Resistenzgenen über Plasmabrücken übertragen werden. Eine noch schnellere Ausbreitung der Resistenz kann erfolgen, wenn die Resistenzgene auf Plasmiden, der nicht-chromosomalen DNA, lokalisiert sind und damit auch auf andere Bakterienarten weitergegeben werden können.

Es kann angenommen werden, daß sich bei bakteriellen Krankheitserregern gegen jedes Antibiotikum, das genügend lange Zeit eingesetzt wird, Resistenzen entwickeln. Um nicht dem Angriff von Krankheitserregern in Zukunft ohnmächtig gegenüberzustehen, muß neben der Suche und Entwicklung neuer Antibiotika und durch Veränderung alter Antibiotika auch der Einsatz der heutigen Medikamente stark eingeschränkt werden. Die Einnahme müßte nur auf die wirklich notwendigen Fälle beschränkt bleiben, aber dann auch in ausreichender Konzentration. Besonders die Verwendung von Antibiotika, die denen aus der Humanmedizin in der Struktur ähnlich sind, sollte in der Veterinärmedizin nur krankheitsbedingt und nicht bereits prophylaktisch, z. B. in Futtermitteln, eingesetzt werden. In der EU sind bereits einige Antibiotika als Mastmittelzusatz verboten worden.

Neue gefährliche Krankheitserreger

Auch heute finden Forscher noch neue Krankheitserreger. Neben aggressiven Viren wurden auch vorher unbekannte Bakterienarten oder gefährlichere Stämme bereits beschriebener Keime nachgewiesen (Tab. 7).

Tab. 7: Wichtige pathogene Bakterienarten oder Stämme, die in den letzten 20 Jahren entdeckt wurden.

1976	*Legionella pneumophila*, der Erreger der Legionärskrankheit
1978	Stämme von *Staphylococcus aureus*, die das toxische Schock-Syndrom verursachen
1982	*Helicobacter pylori*, Erreger von Magengeschwüren
1982	EHEC-Stämme von *Escherichia coli*, die tödliche Durchfallerkrankungen auslösen können
1982/83	*Borrelia burgdorferi*, der Erreger der Lyme-Krankheit (Borreliose)
1992	*Cholera*-Stamm „O139", der im Gegensatz zu früheren Stämmen wahrscheinlich länger in Gewässern überleben kann
1996	*Chlamydia pneumophila*, die möglicherweise eine bedeutende Rolle beim Herzinfarkt spielt

„Legionärskrankheit" (Legionellose)

Während einer Tagung amerikanischer Kriegsveteranen in Philadelphia (1976) kam es bei über 200 Teilnehmern und anderen Hotelgästen zu einer schweren Lungenentzündung; 34 von ihnen starben. Trotz intensiver Suche konnte der Erreger erst ein Jahr nach dem Veteranentreffen im Gewebe eines Verstorbenen durch eine Silberfärbung nachgewiesen werden. Der Erreger erhielt den Namen *Legionella pneumophila*. Es stellte sich heraus, daß dieser Keim auch für das seit 1968 bekannte „Pontiac-Fieber" verantwortlich ist, eine grippeähnliche Erkrankung. Die Übertragung der Legionellose erfolgt nicht wie bei anderen bakteriellen Lungenentzündungen von Mensch zu Mensch, sondern durch Einatmen von keimhaltigen Aerosolen, die beispielsweise in Klimaanlagen, Duschen oder Kühltürmen entstehen.

L. pneumophila ist ein dünnes, durch Geißeln bewegliches Stäbchen-Bakterium, das einen hohen Eisenbedarf hat. Es bevorzugt wärmere natürliche Gewässer oder technische Wassersysteme. In den USA tritt es dementsprechend hauptsächlich im Sommer bis Spätsommer auf, wenn die Klimaanlagen verstärkt genutzt werden. Besonders interessant ist ihr Wachstum in Amöben (tierischen Einzellern, z.B. *Acanthamoeba castellanii)*, die den Bakterien lebensnotwendige Wachstumsfaktoren zur Verfügung stellen. Amöbenzysten werden wahrscheinlich zur Verbreitung genutzt. Legionellen findet man auch in Biofilmen; das gemeinsame Wachstum mit anderen Mikroorganismen hat einen positiven Einfluß auf ihre Entwicklung.

In Deutschland erkranken jährlich 5000–7000 Menschen. Befallen werden hauptsächlich immungeschwächte Personen, ältere Menschen und Patienten in Krankenhäusern. Besonders gefährdet sind Transplantationspatienten. Die Krankheitssymptome sind anfangs Fieber und ein trockener Husten, dann Entzündungsreaktionen in der Lunge. Die Krankheitserreger können mit Antibiotika bekämpft werden. Unbehandelt verlaufen 10–20% der Fälle tödlich.

Die Ausbreitung der pathogenen Legionellen macht wieder deutlich, wie durch den technischen Fortschritt ökologische Nischen geschaffen werden, die von potentiellen Krankheitserregern für ihr Überleben und ihre Verbreitung genutzt werden können.

Staphylococcus aureus und das Schock-Syndrom

Die grampositiven, kokkenförmigen *Staphylococcus*-Arten, deren Zellen in unregelmäßiger Traubenform zusammenbleiben, gehören bei einem großen Teil der Bevölkerung zur normalen Flora; so ist *S. epidermidis* ein gewöhnlicher Hautbewohner. Zu den am weitest verbreiteten gefährlichen Krankheitserregern gehört *S. aureus*. Neben der Ausscheidung von darmwirksamen Toxinen (Enterotoxinen) in Nahrungsmitteln können invasive Stämme schwerwiegende Infektionen hervorrufen, typischerweise mit eitrigen Entzündungen verbunden, beispielsweise Furunkel und Karbunkel. Die Erkrankungen treten meist erst dann auf, wenn eine allgemeine Abwehrschwäche vorliegt. Ein neues von *S. aureus* verursachtes Krankheitsbild, das „Toxische Schock-Syndrom", wurde erstmals 1978 beobachtet. Es trat besonders bei gesunden, jungen Frauen auf, die sehr kleine Tampons während der

Menstruation benutzten. Ausgelöst durch bestimmte Toxine bekamen die Patienten Fieber, Ausschlag und Abschuppungen der Haut. Meist sind durch die Erkrankung mehrere Organe in der Funktion eingeschränkt. Es kann sogar zu einem völligen Versagen von Organfunktionen mit Todesfolge kommen.

Staphylococcus aureus ist häufige Ursache für Infektionen im Krankenhaus (= Hospitalismus = Nosokomialinfektion) und besonders gefährlich durch die zunehmende Antibiotikaresistenz (siehe S. 108).

Helicobacter und Magenerkrankungen

Eine der wichtigsten neu entdeckten Krankheitserreger ist das bewegliche spiralförmige Bakterium *Helicobacter pylori* (früher *Campylobacter pyloridis*), das die Magenschleimhaut und den Zwölffingerdarm besiedelt. Spiralförmige Bakterien in der Magenschleimhaut wurden bereits Ende des letzten Jahrhunderts (1895) von Bizzozero beschrieben, mehrfach wieder beobachtet, aber nicht weiter beachtet. Auch der Nachweis dieses Bakteriums im entzündeten Magengewebe durch die Australier R. Warren und B. Marshall (1983) und besonders die Annahme, daß es chronisch aktive Magenschleimhautentzündungen (Gastritis) verursacht, wurde jahrelang stark bezweifelt. Erst nach Selbstversuchen von Marshall (1985) und Morris (1986), die nach Trinken von *Helicobacter*-Suspensionen unter typischen Entzündungen der Magenschleimhaut litten, und nachdem sich in den entzündeten Stellen *Helicobacter*-Zellen nachweisen ließen, hat sich langsam die Ansicht durchgesetzt, daß dieses Bakterium die Ursache vieler Magenerkrankungen ist. Es weist zellschädigende Aktivität auf, und möglicherweise ist eine *Helicobacter*-Infektion sogar die Vorstufe von Magenkarzinomen. Es wird geschätzt, daß 70–90% der Fälle von chronischen Enzündungen der Magenschleimhaut auf diese Bakterien zurückzuführen sind.

Bemerkenswert ist das Durchwandern von *Helicobacter* durch das extrem saure Magenmilieu bis zur Grenzschicht zwischen Schleim und Magenschleimhaut (Mucosa), wo ein fast neutraler pH-Wert herrscht. Zum Schutz vor der salzsäurehaltigen, aggressiven Magensäure auf dem Wege in die Magenwand schützen sich die Bakterien durch die enzymatische Aufspaltung von Harnstoff (NH_2-C-NH_2), bei der das basische Ammonium (NH_4^+) freigesetzt wird, das dann die Zelle abschirmt. Die große Bedeutung des harnstoffspaltenden Enzyms für eine Infektion zeigt sich auch darin, daß *Helicobacter*-Mutanten, die dieses Enzym nicht bilden, auch die Magenschleimhaut nicht besiedeln können.

H. pylori ist gegen die meisten Antibiotika empfindlich. Eine erfolgreiche Bekämpfung läßt sich mit einer Kombination von zwei Antibiotika oder auch mit einem zusätzlichen Wismutpräparat erreichen.

Spirochaeten und Lyme-Borreliose

1975 tauchte der Verdacht auf, daß das gehäufte Auftreten von Gelenkerkrankungen Jugendlicher (rheumatische Arthritis) im Ort Old Lyme, USA, und Umgebung durch eine Infektion ausgelöst sein könnte. Eingehende Untersuchungen über den Krankheitsverlauf bestätigten diese Annahme (1977, A.C. Steere u. Mitarbeiter) und ergaben, daß diese Krankheit („Lyme disease") von Zecken übertragen wird. Der Krankheitserreger wurde erst 1981 zufälligerweise durch einen Zeckenforscher (W. Burgdorf) entdeckt, und ein Jahr später gelang der Nachweis im Blut eines Patienten. Zu Ehren des Entdeckers wurde der Keim *Borrelia burgdorferi* benannt. Das Bakterium gehört zu den Spirochaeten, eine durch ihren Zellaufbau gut unterscheidbare Bakteriengruppe. Die Zellform ist spirillenartig, aber im Gegensatz zu normalen Spirillen flexibel und im Vergleich zur Länge (5–500 μm) sehr dünn (0,1–0,6 μm). Sie werden daher von normalen Bakterienfiltern nicht zurückgehalten.

Die Lyme-Borreliose ist in der gesamten nördlichen Hemisphäre verbreitet. Es ist die am häufigsten durch Zecken übertragene Infektionskrankheit. Die Anfangssymptome, sich konzentrisch ausbreitende Rötungen („Wanderröte", bis 20 cm) um den Zeckenbiß, waren auch in Europa seit Anfang dieses Jahrhunderts bekannt (1909). Als Begleiterscheinung treten grippeähnliche Symptome auf. Im 2. Stadium, Wochen bis Monate später, wird das Zentralnervensystem befallen (Gehirn- und Gehirnhautentzündungen), auch Herzerkrankungen können auftreten (Lyme-Karditis). Im chronischen 3. Stadium, nach Monaten oder sogar Jahren, entwickeln sich schwere Gelenkerkrankungen (Lyme-Arthritis). Langzeitreservoir für *B. burgdorferi* sind Mäuse (in Europa Rötel- und Waldmaus), freilebende Nagetiere und Rotwild. Die Infektion auf den Menschen erfolgt je nach Gegend durch verschiedene Zecken. In Deutschland ist der gemeine Holzbock (*Ixodes ricinus*) der Überträger. Es gibt mehrere *Borrelia*-Stämme. Die Bakterien lassen sich mit Antibiotika bekämpfen; gegen einen Stamm ist bereits ein wirksamer Impfstoff entwickelt worden.

Salmonella und Salmonellosen

Bei einem Befall von Mensch und Tieren (z.T. wirtsspezifisch) durch Bakterien der Gattung *Salmonella* können grundsätzlich zwei verschiedene Krankheitszustände unterschieden werden: 1. Nahrungsmittelvergiftungen und 2. typhusartige Erkrankungen mit einem Befall verschiedener Organe. In den letzten Jahren war ein sehr starker Anstieg von Magen-Darm-Erkrankungen (Gastroenteritiden) zu verzeichnen, die teilweise durch vorher unbekannte *Salmonella*-Stämme (Serotypen) verursacht wurden. Die Zunahme der Erkrankungen wurde durch die Intensivierung der Tierhaltung (insbesondere Geflügel und Schweine) auf engem Raum, die Verarbeitung der Tiere in Zentralschlachthöfen mit halbautomatischem Schlachtbetrieb, die langen Anfahrtswege und Importe stark gefördert. So kam es in Deutschland zu Ausbrüchen von Darmerkrankungen, verursacht durch verunreinigtes, importiertes Fischmehl (*S. panama*). 1992 wurden in Deutschland 195400 Salmonellose-Fälle registriert (das entspricht 240 Fällen auf 100000 Einwohner), doppelt soviel wie noch im

Jahr 1990 und 44% mehr als 1991. Die Zahl der Todesfälle durch Salmonellen stieg von 120 Fällen im Jahr 1990 um 34% auf 161 Fälle im Jahr 1991. In den USA, in Großbritannien und anderen europäischen Staaten dürften beim Anstieg der durch Salmonellen verursachten Erkrankungen bzw. Nahrungsmittelvergiftungen ähnliche Verhältnisse vorliegen. Der (symptomlose) Befall der Tiere führt dazu, daß Geflügel oder anderes rohes Fleisch häufig beim Kauf kontaminiert ist. Die Infektion beim Menschen erfolgt hauptsächlich durch den Verzehr von Geflügel, rohen Eiern, Speiseeis oder nicht ausreichend erhitzten Eiprodukten. Erhöht wird die Infektionsgefahr durch das Auftreten eines neuen Stamms von *S. enteritidis* (Phagentyp 4), der in den letzten Jahren besonders häufig in Eiern und Eiprodukten gefunden wird und sich durch eine hohe Infektionskraft (Virulenz) auszeichnet. Nahrungsmittel, die ein einziges mit *S.-enteritidis* infiziertes Ei enthalten, können bereits schwere Nahrungsmittelvergiftungen auslösen. Am schwersten (auch tödlich) erkranken Kinder unter drei Monaten, ältere Menschen und andere Personen, deren Immunsystem geschwächt ist. Kochen tötet Salmonellen ab, aber selbst bei Erhitzen auf 55 °C dauert es eine Stunde, auf 60 °C immerhin noch eine halbe Stunde, ehe alle Zellen abgestorben sind. Dadurch können nicht nur rohe Eier, sondern auch ungenügend erhitzte Eier oder Speisen mit Eiern bzw. nicht pasteurisiertes Trockeneipulver Infektionsquelle sein. Die Eier werden bereits äußerlich in der Kloake des Huhns infiziert, und die Keime können durch die Schale in den Eidotter wandern. Der neue *S.-enteritidis*-Stamm kann sogar im Huhn die Eierstöcke besiedeln und dadurch auch von vornherein im Ei vorliegen. Infizierte Eier (auch A-Qualität), die nur weich gekocht wurden und deren Eidotter noch flüssig ist, und Spiegeleier, deren Eidotter noch nicht durch die Hitze geronnen ist, können zu Vergiftungen führen. Eine Erkrankung kommt normalerweise nur zustande, wenn relativ große Keimmengen aufgenommen werden. Bei Zimmertemperatur können sich jedoch Salmonellen in fertig zubereiteten Speisen schnell vermehren. Auch im Kühlschrank ist das Wachstum nicht völlig unterbunden, so daß ein längeres Aufbewahren von Speisen vermieden werden sollte. Die Magen-Darm-Erkrankungen (Gastroenteritiden) werden durch ein Enterotoxin hervorgerufen, das dem der darmpathogenen *E.-coli*-Stämme und dem der Cholera-Vibrionen ähnlich ist. Für die Virulenz spielt aber auch das Invasions- und Penetrationsvermögen der Zellen eine Rolle, bei dem wahrscheinlich besondere Fimbrien (Pili) mit beteiligt sind. Neben dem vom Toxin ausgelösten Wasserverlust beim Durchfall hat möglicherweise eine vermehrte Resorption von Toxinen durch die geschädigte Darmschleimhaut einen Einfluß auf die Schwere der Vergiftung.

Escherichia coli und Darmerkrankungen

Escherichia coli ist normalerweise ein harmloses Darmbakterium. Es gibt aber auch eine Reihe von Stämmen, die unterschiedliche Krankheiten verursachen können. Die pathogenen Eigenschaften sind auf unterschiedliche Virulenzgene zurückzuführen, beispielsweise auf cholera- oder ruhrähnliche Toxingene, die auf Plasmiden liegen, oder auf besondere Zellanhänge (Pili), die zur Anheftung der Bakterien am Wirtsgewebe notwendig sind. Ein sehr gefährlicher Stamm, der in den letzten Jahren immer öfter zu kleinen Epidemien geführt hat, wurde zuerst 1993 in Seattle (Washington) bei vielen Kindern nachgewiesen, die an einem schmerzhaften, blutigen Durchfall litten. Als Quelle der Erkrankung wurde in allen Fällen der Verzehr von Hamburgern einer „Fast-Food"-Kette festgestellt. Der Erreger war immer der gleiche *E.-coli*-Stamm, der wegen der auftretenden Krankheitssymptome auch EHEC genannt wird. EHEC heißt **e**utero**h**aemorrhagischer ***E. c**oli* (haemorrhagisch = mit Blutausscheidung verbunden). Schwere Erkrankungen treten überwiegend bei Säuglingen und Kindern auf. Die schwerste Form ist ein schweres Nierenversagen = enteropathisches HUS (= **h**aemolytisches-**u**raemisches **S**yndrom). Dieser Stamm breitet sich immer stärker aus. Auch in

Deutschland sind in den letzten Jahren immer wieder tödlich verlaufende Fälle eingetreten. Das Erregerreservoir scheinen hauptsächlich Rinder zu sein. Infektionsquelle für den Menschen sind meist nicht ausreichend erhitzte Fleischprodukte und Rohmilch, aber auch auf Alfalfa-Sprossen sind diese Bakterien nachgewiesen worden.

Weitere wichtige und bei Reisenden wohlbekannte Bakterien sind ETEC-Stämme. (ETEC = enterotoxische *E. coli.*) Sie verursachen einen starken, wäßrigen Durchfall, die „Reisediarrhoe", auch als „Montezumas Rache" bekannt. Sie treten besonders in warmen Ländern mit mangelnder Hygiene auf. Der Durchfall wird durch ein choleraähnliches Toxin ausgelöst. Die Gene für das Toxin liegen auf Plasmiden.

Chlamydien und Herzinfarkt

Die meisten Chlamydien sind wie die Rickettsien und Viren obligate Zellparasiten und zur Vermehrung auf Wirtszellen angewiesen. Es wurde daher früher angenommen, daß diese sehr kleinen Organismenformen zwischen Bakterien und Viren stehen oder sogar große Viren darstellen. Elektronenmikroskopische Aufnahmen und biochemische Untersuchungen zeigten jedoch, daß diese Parasiten zellulär aufgebaut sind und zu den Bakterien gehören. Die Chlamydien-Zellen sind sehr klein (ca. 0,2–0,7 µm), enthalten gleichfalls DNA und RNA sowie typische bakterielle Zellwandbestandteile (z. B. Muraminsäure, Diaminopimelinsäure). Sie führen viele Enzymreaktionen aus, scheinen jedoch keinen funktionsfähigen Energiestoffwechsel zu besitzen. Man kann sie als „Energieparasiten" ansehen, die auf den Energiestoffwechsel der Wirtszelle angewiesen sind.

Neuerdings (1996/97) ist eine heftige Diskussion darüber entbrannt, ob möglicherweise Infektionen mit *Chlamydia pneumonia* (normalerweise ein Erreger von Lungenentzündungen) Ursache von Arterienverschlüssen sind.

Herzinfarkt und Schlaganfall sind in den Industrienationen

die häufigste Todesursache. Auslöser dieser Herzerkrankungen sind Arterienverkalkungen. Als Risikofaktoren für die Bildung der Beläge aus Kalk und Fett werden Rauchen, Bluthochdruck, Diabetes, gestörter Fettstoffwechsel (hoher Cholesteringehalt), Übergewicht und Bewegungsmangel angesehen. Eine Reihe von Untersuchungen sprechen aber auch für einen Zusammenhang zwischen den Bakterien und dem Herzinfarkt, doch ist noch ungeklärt, ob sie die Ursache für eine Arterienverkalkung sind oder ob sie durch Entzündungen den Prozeß nur beschleunigen. Es stehen sich damit noch zwei Ansichten gegenüber: Chlamydien infizieren gesunde Gefäßabschnitte, die sich dadurch entzünden. Erst dann lagern sich Fett und Kalk ab. Andererseits könnten die Bakterien bereits bestehende Arterienverkalkungen besiedeln, dadurch die Plaquebildung beschleunigen, so daß sich Beläge ablösen und, mit dem Blutstrom mitgerissen, nachfolgende Abschnitte verstopfen.

Weiterhin gibt es Spekulationen, daß *C. pneumonia* an der Entstehung von Multipler Sklerose, einer primär entzündlichen Erkrankung des zentralen Nervensystems, und Lungenkrebs beteiligt ist.

Ob in der Medizin, wie bei dem Magenbakterium *Helicobacter,* ein Umdenken von der alten Ansicht über die Ursachen von Angina pectoris und Herzinfarkt notwendig ist, kann erst in den nächsten Jahren entschieden werden.

10. Urformen und Bakterienstammbaum

Biologische Evolution

Nach den Experimenten von F. Redi und L. Pasteur, die die Hypothese der Urzeugung, der spontanen Entstehung der verschiedenen Organismen, widerlegten, blieb doch noch das größte Geheimnis ungelöst, das uralte Rätsel über den Ursprung des Lebens.

In der Urzeit herrschten auf der Erde reduzierende Bedingungen, da kein Sauerstoff (oder höchstens Spuren) vorlagen und die Gasatmosphäre (Uratmosphäre) sich wahrscheinlich aus CH_4, CO_2, CO, NH_3, H_2O und H_2S zusammensetzte. Erst nachdem der junge Planet so weit abgekühlt war, daß Wolken aufzogen, Regen einsetzte und sich dadurch flüssiges Wasser auf der Erdoberfläche ansammelte, konnte Leben entstehen. Unter den damals herrschenden, noch höllischen Bedingungen bildeten sich durch Einwirkung von ultraviolettem Licht, radioaktiver Strahlung und vulkanischer Aktivität erste organische Verbindungen. Sie zersetzten sich immer wieder, bis zufälligerweise Moleküle entstanden, die ihre eigene Vermehrung katalysierten, die erste Voraussetzung für eine Entstehung des Lebens (Chemische Evolution nach J. S. Haldane und A. J. Oparin).

Weltweites Aufsehen erregte ein einfaches Experiment von S. L. Miller (1953), das die Bildung organischer Verbindungen in der Urzeit zu bestätigen scheint (Abb. 18). Er erhitzte einen einfachen geschlossenen Glasbehälter mit einigen in Wasser gelösten Mineralien und schickte Funkenentladungen durch das Gasgemisch von Methan, Ammoniak und Wasserstoff, das zur Simulation der Uratmosphäre über der Wasserphase

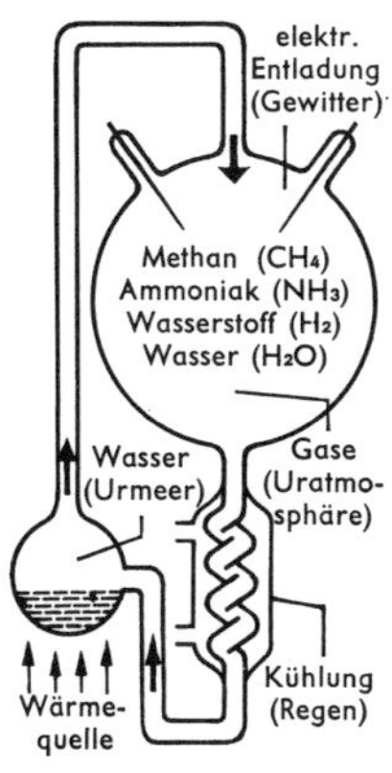

Abb. 18: Chemische Evolution (Miller-Experiment)

lag. Nach wenigen Tagen hatten sich wichtige organische Moleküle gebildet, Aminosäuren, Zucker, Purine und Pyrimidine, die auch zum Aufbau von Komponenten der Erbsubstanz notwendig sind.

Anfangs, nach einer Anreicherung organischer Verbindungen in der „Ursuppe" – möglicherweise in flachen Lagunen –, könnten sich Bedingungen eingestellt haben, die zur Entstehung des ersten sich reproduzierenden Lebewesens mit zellulären Eigenschaften geführt haben. Es entstand eine Zelle, die einen Stoffwechsel zur Verwertung des organischen Materials und Mechanismen zur Vermehrung und Vererbung besaß. Dieses Lebewesen könnte nach den herrschenden Umweltbedingungen ein anaerober heterotropher Organismus, ein primitiver Gärer, gewesen sein. Die Verarmung an organischen Molekülen durch den Stoffwechsel der ersten Lebewesen müßte dann den Formen Wachstumsvorteile gebracht haben, die nutzbare Energie aus der Oxidation von anorganischen Substraten oder durch die Umwandlung von Lichtenergie gewinnen konnten. Der Aufbau von Elektronentransportketten für eine anaerobe Atmung oder zur Verwertung der Lichtenergie (Photosystem I) war somit eine weitere wichtige Errungenschaft in der biologischen Evolution. Mit der Ausbildung von Elektronentransportketten wurde auch die Möglichkeit geschaffen, Kohlendioxid (CO_2) für Oxidationen zu nutzen, das dadurch zu Methan reduziert wurde – ähnlich wie bei den heutigen methanbildenden Bakterien. Mit der Verwertung von Kohlendioxid als Kohlenstoffquelle zum Aufbau von Zellsubstanz war eine weitere Entwicklungsstufe erreicht.

Schwer vorstellbar ist jedoch, wie am Beginn dieser Entwicklungslinie die komplexen Makromoleküle ohne Enzyme entstanden sind. Eine hypothetische Möglichkeit besteht darin, daß die Synthese größerer Moleküle im Wasser an der Oberfläche von Mineralien stattgefunden hat. Als katalytische Komponenten werden Tonmineralien, Basaltgestein oder Schwefeleisenerz (Pyrit) diskutiert. Pyrit wird dabei besondere Bedeutung zugewiesen, da seine Bildung aus Eisenkarbonat oder Eisensulfid und Schwefelwasserstoff Energie sowie molekularen Wasserstoff freisetzt:

Eisenkarbonat + Schwefelwasserstoff → Pyrit + Wasserstoff + Wasser + Kohlendioxid + freie Energie

$$(FeCO_3 + 2H_2S \rightarrow FeS_2 + H_2 + H_2O + CO_2)$$

Eisensulfid + Schwefelwasserstoff → Pyrit + Wasserstoff + freie Energie

$$(FeS + H_2S \rightarrow FeS_2 + H_2)$$

Die freiwerdende Energie könnte von einfachen organischen Energieüberträgern (z.B. schwefelhaltigen Thioestern) aufgenommen und für einen einfachen Stoffwechsel der primitiven Lebewesen genutzt worden sein.

Nach der meistvertretenen Hypothese über die biologische Evolution entstanden zu Beginn des Lebens heterotrophe Gärer, die organische Moleküle als Energie- und Kohlenstoffquelle nutzten, dann primitive autotrophe Organismen. Doch besitzen die heutigen Gärer einen sehr komplexen Stoffwechsel, weshalb von vielen Forschern bezweifelt wird, daß die ersten Lebewesen einen ähnlichen Stoffwechsel aufwiesen. Nach anderen Hypothesen wird daher angenommen, daß die ersten Lebewesen einen mixotrophen Stoffwechsel aufwiesen, in dem organische Stoffe als Kohlenstoffquelle, Stoffwechselenergie dagegen in einer anaeroben Atmung gewonnen wurde. Es gibt eine Reihe von Hinweisen, daß zu Beginn des Lebens Eisen- und Schwefelverbindungen eine wichtige Rolle gespielt haben. Es läßt sich somit vorstellen, daß Wasserstoff aus vulkanischer Tätigkeit oder durch eine Pyritbildung in einer einfachen anaeroben Atmung mit Schwefel (S^0) oxidiert und dadurch Stoffwechselenergie gewonnen wurde (z.B. Hypothese von G. Wächtershäuser). Für die überragende Rolle von Schwefel in der Frühzeit der biologischen Evolution spricht auch der Stoffwechsel heutiger schwefelabhängiger thermophiler Archaebakterien (siehe Seite 83).

Früheste Lebensspuren

Das Alter der Erde schätzt man nach radioaktiven Messungen auf etwa 4,5 Milliarden Jahre. Nach geologischen Hinweisen wird vermutet, daß bereits vor 3,6 bis 3,8 Milliarden Jahren der Beginn des Lebens in Form bakterienähnlicher Zellen stattfand. In Einschlüssen mindestens 3,5 Milliarden Jahre alter Gesteine in Australien und Südafrika wurden Strukturen gefunden, die fädigen Bakterien ähnlich sind. Eindeutige Zellformen lassen sich in etwa 3 Milliarden Jahre alten Gesteinen nachweisen. Zu diesem Zeitpunkt scheinen bereits die hauptsächlichen Wege des Energiegewinns, Photosynthese, Chemolithotrophie und anaerobe Atmungen neben Gärungen, stattgefunden zu haben. Fossile Ablagerungen (Stromatolithe) von verschiedenen Bakterienarten sind bereits vor 2,7 Milliarden Jahren auf allen Kontinenten nachweisbar. Zwischen 1 und 2 Milliarden Jahre alte Gesteine enthalten bereits vielfältige Formen von Bakterienzellen, auch Formen, die mit den heutigen Cyanobakterien eine bemerkenswerte Ähnlichkeit aufweisen. So gleichen heutige geschichtete Matten von Cyanobakterien den Millionen Jahre alten Stromatolithen, den gebänderten Ablagerungen frühester Lebensformen.

Vor 2 Milliarden Jahren scheint auch die Sauerstoffentwicklung durch Cyanobakterien so hoch gewesen zu sein, daß sich freies O_2 in der Atmosphäre anreicherte. Dadurch waren die Voraussetzungen für die Entwicklung von aerob atmenden Bakterien geschaffen worden. Anderseits hatte diese Veränderung an der Oberfläche der Erde von reduzierten zu oxidierten Bedingungen katastrophale Auswirkungen auf die O_2-empfindlichen Gärer. Ohne wirksamen Schutz gegen die Schädigungen durch aggressive Sauerstoffverbindungen mußten sie in Habitate ausweichen, wo sich noch kein Sauerstoff angereichert hatte.

Die Urahnen der Eukaryoten haben sich wahrscheinlich bereits vor über 1 Milliarde Jahren entwickelt. Erst entstanden Formen mit einem anaeroben Gärungsstoffwechsel, ehe durch Einfangen von aeroben, atmenden Bakterien die Fähigkeit zur Oxidation von Substraten mit Sauerstoff erworben wurde (siehe Endosymbiontenhypothese, S. 91). Die Veränderung und Entwicklung zu neuen Arten und zu komplexeren, höheren Organismen im Laufe der Evolution fand nicht nur auf Grund von Mutationen und Auslese statt, sondern zusätzlich durch den symbiontischen Zusammenschluß von unterschiedlichen Zellen und der Verschmelzung zu neuen Lebensformen.

Taxonomie

Um die heutige Welt der Bakterien zu überblicken, ist es notwendig, sie zu bestimmen und in ein Ordnungssystem einzugliedern.

C. von Linné rechnete die Bakterien zu den zweifelhaften Arten und stellte sie in die Klasse des „Chaos" (1767). O. F. Müller hielt sie dagegen für Infusorien (animalcula infusoria, 1765) und benannte sie nach ihrer Form (1786, z. B. *Monas, Vibrio*). E. Haeckel (1866) ordnete sie in die Gruppe „Monera" am Fuße seines Stammbaums der Organismen ein. Aufgrund der starren Zellwand und der Aufnahme von Nährstoffen in gelöster Form wurden die Bakterien früher dem Pflanzenreich (Abt. Schizophyta) zugerechnet und wegen des Teilungsmodus und der heterotrophen Ernährungsweise als Spaltpilze (Schizomycetes) benannt.

Die Identifizierung und taxonomische Einordnung erfolgte anfangs nur nach morphologischen und später (zu Beginn des 20. Jahrhunderts) auch zusätzlich nach stoffwechselphysiologischen Merkmalen, z. B. Zellform, Zellgruppierung, Stoffwechsel, Färbeverhalten (Gramfärbung), Beweglichkeit, Pigmentierung. Auch heute wird meist aus praktischen Gründen die Klassifikation künstlich nach diesen Kriterien durchgeführt. Ein „natürlicher" Stammbaum der Bakterien, ihre Verwandtschaftsverhältnisse lassen sich heute über die Zusammensetzung von Makromolekülen der Zelle erkennen.

Besonders geeignet für eine Bestimmung der genetischen Verwandtschaft sind die Ribosomen, die Eiweißfabriken der

Zellen. Sie kommen in allen Organismen vor, sind leicht zu isolieren, und – was besonders wichtig ist – sie enthalten Abschnitte, die während der Evolution stabil (konserviert) geblieben sind, sowie labile Abschnitte, die durch Mutation stärker verändert wurden. Der Physiker C. R. Woese wählte für die Untersuchungen ein Teilstück der RNA, die mittlere (16-S-)Untereinheit. Die ersten Ergebnisse waren enttäuschend, da sich die Zusammensetzung der RNA-Untereinheit aus verschiedenen Bakterien als sehr ähnlich erwies. Doch als Woese (in Zusammenarbeit mit R. S. Wolfe) Bakterien aus einer Kläranlage und anschließend aus kochenden Geysiren überprüfte, fand er kaum eine Ähnlichkeit mit dem Muster der „üblichen" Bakterien. Die Unterschiede der RNA-Untereinheit der beiden „Bakteriengruppen" waren so groß wie zwischen der RNA „normaler" Bakterien und der von Eukaryoten. Woese postulierte daher, daß Bakterien (Prokaryoten) in zwei stammesgeschichtliche Reiche aufgeteilt werden müssen: in die Abstammungsgruppe der „normalen" Bakterien einschließlich der Cyanobakterien, die er Eubakterien (heute Bacteria) nannte, und die andere Gruppe, die er als Archaebakterien (heute Archaea) bezeichnete. Der Name Archaebakterien soll darauf hinweisen, daß die in diesem Reich zusammenfaßten Prokaryoten Merkmale besitzen, die den extremen Bedingungen angepaßt scheinen, die während der Frühgeschichte des Lebens auf der Erde geherrscht haben. Die Schlußfolgerungen aus den Ribosomenuntersuchungen und der neue genetische Stammbaum, der aufgrund der ribosomalen Ähnlichkeit aufgestellt wurde, waren lange Zeit heftig umstritten, da wieder ein wichtiges Dogma der Biologie fallengelassen werden mußte: Die Lehrmeinung, daß das Leben auf der Erde zwei Linien, dem Abstammungszweig der Prokaryoten (Bakterien) und dem aller anderen Organismen, den Eukaryoten, angehöre. Heute ist die Dreiteilung der Organismengruppen in Eukarya, Bacteria und Archaea durch den Vergleich weiterer molekularer Merkmale der Organismen voll bestätigt worden.

Weiterführende Literatur

Einfache Lehrbücher

Fritsche, F.: *Mikrobiologie*. Fischer Verlag , Jena 1990.

Groß, M., Kulke, Ch.: *Bakteriologie*. Wachholz Verlag, Nürnberg 1994.

Primrose, S. B.: *Biotechnologie*. Spektrum Akademischer Verlag, Heidelberg 1990.

Schröder, H. U., Baumann, G.: *Mikrobiologie*. Volk und Wissen Verlag, Berlin 1991.

Weide, H., Aurich, H.: *Allgemeine Mikrobiologie*. Fischer Verlag, Stuttgart 1979.

Hochschullehrbücher

Madigan, M. T. et al. (Hrsg.): *Brock – Biology of Microorganisms*. Prentice Hall, New Jersey ^{8}1997.

Schlegel, H. G.: *Allgemeine Mikrobiologie*. Thieme Verlag, Stuttgart ^{7}1992.

Singleton, P.: *Einführung in die Bakteriologie*. Quelle und Meyer Verlag, Wiesbaden 1995.

Populärwissenschaftliche Bücher

Dixon, B.: *Der Pilz, der Kennedy zum Präsidenten machte*. Spektrum Akademischer Verlag, Heidelberg 1995.

Duve, C. de: *Ursprung des Lebens*. Spektrum Akademischer Verlag, Heidelberg 1994.

Groß, M.: *Exzentriker des Lebens*. Spektrum Akademischer Verlag, Heidelberg 1997.

Margulis, L., Sagan, D.: *Leben, vom Ursprung zur Vielfalt*. Spektrum Akademischer Verlag, Heidelberg 1997.

Postgate, J.: *Mikroben und Menschen. Die unsichtbare Macht der Bakterien und Viren*. Spektrum Akademischer Verlag, Heidelberg 1994.

Sachregister